玉林师范学院高层次人才项目"林权改革、石漠化治理与农户林业保护行为"（G2022SK20）

林地产权对农户参与石漠化林业治理行为的影响研究

庞娟 ◎ 著

西南交通大学出版社

·成 都·

图书在版编目（ＣＩＰ）数据

林地产权对农户参与石漠化林业治理行为的影响研究 /
庞娟著. —成都：西南交通大学出版社，2023.3
　　ISBN 978-7-5643-9181-2

　　Ⅰ. ①林… Ⅱ. ①庞… Ⅲ. ①林地 – 产权 – 影响 – 林
业 – 生态环境 – 环境治理 – 研究 Ⅳ. ①S718.5

中国国家版本馆 CIP 数据核字（2023）第 034284 号

Lindi Chanquan Dui Nonghu Canyu SHimohua Linye Zhili Xingwei de Yingxiang Yanjiu

林地产权对农户参与石漠化林业治理行为的影响研究

庞　娟　著

责 任 编 辑	郭发仔
封 面 设 计	墨创文化
	西南交通大学出版社
出 版 发 行	（四川省成都市金牛区二环路北一段 111 号 西南交通大学创新大厦 21 楼）
发 行 部 电 话	028-87600564　028-87600533
邮 政 编 码	610031
网 　 址	http://www.xnjdcbs.com
印 　 刷	成都蜀通印务有限责任公司
成 品 尺 寸	170 mm × 230 mm
印 　 张	14.75
字 　 数	197 千
版 　 次	2023 年 3 月第 1 版
印 　 次	2023 年 3 月第 1 次
书 　 号	ISBN 978-7-5643-9181-2
定 　 价	58.00 元

>>>>

岩溶地区土地石漠化是我国重大生态难题之一，其综合治理问题受到政府与社会各界的高度关注和重视。人工造林、植被管护、封山育林等林业治理工程是石漠化综合治理的核心所在，在促进石漠化逆转过程中作出了主要贡献。农户作为石漠化地区最重要的主体，对林地的利用行为在很大程度上决定了石漠化林业治理的成败，激励农户持续有效地参与石漠化林业治理是实现治理效果长效机制、促进林地可持续发展的关键。在实际调研中发现，石漠化林业治理涉及不同环节（前期人工造林与后期对造林成果的有效管护）与不同林种类型（商品林与公益林）的治理。其中，与农户最密切相关的是政府为同时实现生态效益和经济效益而实施的一些适合石漠化林地的特色经果林种植和管护项目，以及为保护生态公益林而实施的封山育林项目。但现实中由于在石漠化林地上实施的经果林种植生产周期长，经济效益见效慢，难以解决农户短期生产生活的需要，加上实施封山育林限制了农户对林地的使用，而相关的生态补偿制度尚不完善等，农户缺少主动参与石漠化林业治理的积极性，参与后又退种、边治理边破坏、违反封山育林规定等行为仍比较常见，难以实现石漠化林业治理的持续性和有效性，亟须探索农户持续有效参与石漠化林业治理的激励机制。

农户参与石漠化林业治理，意味着农户要以可持续的方式利用林地资源。制度经济学认为，产权制度的构建能够约束和干预农户对资源的利用行为以及相关的利益分配机制，因此，林地产权被认为是影响农户林地利用行为最重要的因素之一。2008年以来，我国开始实施石漠化综合治理工程。同时，正值新一轮集体林权制度改革在全国范围扩大试点和全面推进时期，此次改革以"明晰产权、放活经营权、落实处置权、保障收益权"为主要内容，旨在赋予农户更安全的林地产权以及更完整的林地产权结构，从而激励农户可持续地利用林地，实现"生态得保护、农户得增收"的双赢目标，这与石漠化综合治理实现"生态好转、农民增收"的目标具有高度一致性。两大政策同时实施的制度背景，为本研究从林地产权视角探讨农户有效参与石漠化林业治理的激励机制提供了契机。

本研究以产权经济学理论、农户行为理论以及可持续林业发展理论等为指导，借鉴国内外相关研究成果，对林地产权安全性、林地产权完整性以及农户石漠化林业治理行为等进行内涵界定，剖析林地产权对农户参与石漠化林业治理行为的作用机理，构建林地产权与农户石漠化林业治理行为研究的理论分析框架；利用广西凤山县549个农户的调研数据，运用 Double Hurdle 模型、负二项模型、Tobit 模型、Logit 模型等实证检验林地产权对农户参与人工造林行为、林木管护行为以及封山育林行为的影响，旨在从林地产权完善创新的视角更好地引导、激励和规范石漠化地区农户的林地利用行为，激励农户持续有效地参与石漠化林业治理，促进林地的可持续利用和发展。

本研究的主要研究结论如下。

（1）在新一轮集体林权制度改革与石漠化综合治理两大政策共同实施的背景下，石漠化地区农户对林地产权的总体认知水平及参与石漠化林业治理的积极性都有待提高。通过调研发现，在新一轮集体林权制度改革后，仍有55%以上的样本农户对林地未来是否会发生调整、征用或纠纷持不确定的态度，认为林地未来不可能发生调整、征用或纠纷的农户分别只占20.4%、36.2%和37.5%，说明农户对林地产权安全性的认知还有待提升。农户认为他们仅在"自主选择经营树种"和"经营非木质产品"这两项林地使用权利上有较高的确定性。农户对林地在村内流转权利的认知水平高于对林地在村外流转权利的认知水平。农户对林地抵押权的认知还比较缺乏，仍有41.9%的样本农户认为不拥有或不确定是否拥有林地抵押权。在本研究调研区域，农户主要通过特色经果林的人工造林、林木管护以及生态公益林的封山育林等三种方式参与石漠化林业治理。农户更倾向于以投劳方式参与人工造林，虽有83.1%的造林农户对林木进行后期持续管护，但管护频率与管护强度仍处于较低水平，存在"只栽不管"或"重栽轻管"的现象。64.8%的样本农户能够遵守封山育林规定，但仍有35.2%的样本农户曾经有过违反封山育林规定的行为，其中以在封山育林区域砍柴、放牧、采摘为主。此外，仅有57%的样本农户认为自己是石漠化治理的重要主体。

（2）新一轮集体林权制度改革的实施强化了石漠化地区农户林地产权安全感知。林地产权安全感知是影响农户参与林业经营及林业生态治理决策的关键因素，利用Ologit模型估计林权改革以及林改过程中的干群关系对石漠化地区农户林地产权安全感知的影响，结果显示，林改确权发证强化了农户的林地产权安全感知，但受林改政策实施的制度环境影响，其强化作用在石漠化地区的发挥仍比较有限。在确权方式上，均山到户模式比均股均利到户模式更显著地强化了农户的林地产权安全感知。以农户对村干部的信任为代表的干群关系显著地增强了农户林地产权安全感知，干群关系对林改政策的实施有较好的调节作用，但这种调节作用在当前农村治理扁平化、农户与村级组织之间关系有所疏离的背景下被弱化。

（3）林地产权对农户参与石漠化林业治理中的人工造林行为有一定的激励作用，但其激励作用在农户造林决策的不同阶段存在明显差异。把农户参与造林的决策分为是否参与造林以及造林的投入水平两个阶段，通过 Double Hurdle 模型进行实证检验后发现，林地产权安全性并非影响农户是否参与造林决策的主要因素，但对于选择参与造林的农户而言，林地产权安全性却显著地提高了其造林的资金投入和劳动力投入水平；林地使用权完整性显著地提高了农户参与造林的可能性，但对农户造林投入水平的影响并不显著。由此可见，虽然完整的林地使用权赋予农户更大的产权行为能力，提高了参与农户造林的可能，但石漠化林地的特殊性导致造林树种选择受限以及林地（林木）价值变现难等问题，有可能弱化林地产权对农户造林投入水平的激励作用。林地流转权完整性并不显著影响农户是否造林的决策，但对于选择参与造林的农户，林地流转权完整性会显著地提高他们的造林投入水平。林地抵押权完整性提高了农户造林劳动力投入的可能性，但对农户造林资金投入水平及劳动力投入水平的影响为负向不显著，一方面可能是因为林权抵押贷款收益存在替代效应；另一方面也可能是当前小农户进行林权抵押贷款的门槛较高，抑制了林地抵押权对农户造林投入水平的激励作用。

（4）林地产权对农户参与石漠化林业治理中的林木管护行为有明显的激励作用，而且林地产权对农户林木管护强度的激励作用高于其对管护频率的激励作用。把农户参与林木管护的行为分为管护频率与管护强度两个方面，分别用负二项模型和 Tobit 模型进行实证检验后发现，林地产权安全性显著激励了农户对林木的管护频率与管护强度，其对农户管护频率和管护强度的平均边际效应分别达到了 0.539 和 4.69。这种激励效应在加入林地产权结构完整性变量后得到了增强，说明赋予农户更完整的林地权利可以进一步提高林地产权安全性，进而提高农户对林木的管护频率和管护强度。完整的林地使用权正向显著地影响农户对林木的管护频率和管护强度，其平均边际效应分别达到了 0.267 和 2.919，在石漠化林地上林木生产周期长、经济效益见效慢的情况下，拓展农户对林地的产权行为能力尤为重要。与林地使用权不同的是，林地流转权完整性与林地抵押权完整性均只对农户的管护强度有显著影响。原因可能是，相对于增加管护次数而言，提高当前对林木的管护强度，即提高有效的管护工时投入对提高林木未来的价值和收益更有益，更能实现农户未来通过林地流转获益或通过林权抵押获得贷款的可能性。

（5）林地产权对农户参与封山育林的影响主要来自于林改确权下的林地产权安全性的变化。运用 Logit 模型进行实证检验发现，林地产权安全性显著提高了农户遵守封山育林规定、减少违法行为的可能性。而且，由于不同的林地确权方式给农户带来的林地产权安全保障效应不同，林地产权对农户参与封山育林决策的影响也有差异，当林地以均山到户为主进行确权时，农户参与封山育林的可能性比以均股均利到户为主进行确权时降低 11.7%。

基于以上结论，本书提出以下政策建议，以激励农户持续有效地参与石漠化林业治理：从法律制度、政策落实、农户主观认知等方面进一步提高农户的林地产权安全性；从拓展林地使用权能、完善林权流转机制、完善林权抵押贷款制度、推广公益林收益权质押贷款等方面完善林地产权完整性；完善公益林生态补偿制度，确保农户参与生态公益林保护的收益权；切实提高农户石漠化林业治理的主体意识，构建可持续的林业产业化发展机制，多渠道增加农户收入。

本研究的创新之处如下。

（1）把林地产权与石漠化地区的农户林业治理行为纳入同一分析框架。一方面，从林地产权改革完善的角度为激励农户积极参与石漠化林业治理、促进农户对林地的可持续利用提供新的思路和方向，丰富了石漠化治理的研究视角；另一方面，从林地产权对农户参与石漠化林业治理的激励效应评价了新一轮集体林权制度改革在石漠化地区的实施成效，对进一步深化完善集体林权制度改革有一定的边际贡献。

（2）从林地产权安全性和林地产权完整性两个方面衡量集体林权制度改革导致的林地产权变化，把林权纠纷纳入影响林地产权安全性的重要因素，丰富和拓展了林地产权安全性的内涵；从农户对林地使用权、林地流转权以及林地抵押权等权利的持有情况的认知来测度林地产权完整性，有利于探析产权结构中对农户参与石漠化林业治理行为真正发挥作用的产权变量及其对应的产权政策。

（3）从不同环节、不同林种类型入手探究林地产权对农户参与石漠化林业治理的影响。基于石漠化林业治理的前期造林环节与后期管护环节，以及经济林与生态林两个不同林种，探析林地产权对农户参与石漠化林业治理行动的影响，有利于甄别农户在不同治理环节与不同林种治理中的决策机制以及林地产权的影响机制。

虽然在框架和内容上做了反复推敲和修订，但限于作者的学识和水平，本研究尚不成熟、不完善，错漏之处在所难免，敬请各位专家、学者批评指正。

作者

2023 年 2 月

目 录 \ CONTENTS

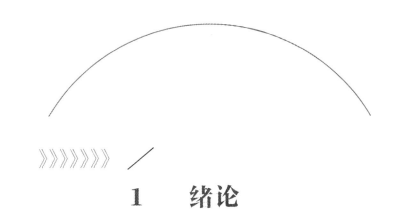

1 绪论

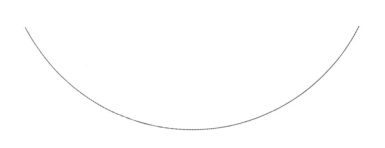

本章首先结合岩溶地区石漠化治理及新一轮集体林权制度改革的政策背景提出本研究的目的与意义，对相关研究进行梳理，在此基础上确定研究目标与主要内容，以及为达到研究目标而采用的研究方法、技术路线等，最后总结本研究的创新点。

1.1 研究背景、目的与意义

1.1.1 研究背景

石漠化是指在热带、亚热带湿润、半湿润气候条件和岩溶极其发育的自然背景下，受人为活动干扰，地表植被遭受破坏，造成土壤侵蚀程度严重，基岩大面积裸露，土地退化的表现形式。[①]在我国，石漠化主要分布在岩溶地貌较为发达的贵州、广西、云南、湖南、湖北、四川、重庆、广东等 8 省（区、市）的 451 个县（市、区），其中以滇桂黔石漠化片区最为严重。滇桂黔石漠化片区内大多人多地少，"三农"问题十分突出，经济发展严重滞后，石漠化已成为该区域的灾害之源，是我国最严重的生态难题之一。石漠化治理受到政府与社会各界的高度关注和重视，并在 21 世纪初上升为国家战略，在党的十七大、十八大以及十九大报告中均有重要描述，2004 年以来的历届政府工作报告也都将其列为重点工程。2001 年国家"十五"计划纲要中提出要"推进黔桂滇岩溶地区石漠化综合治理"，2004 年国家发改委下发了编制南方岩溶区石漠化综合治理规划的通知要求，2008 年国务院批复了《岩溶地区石漠化综合治理规划大纲（2006—2015）》，之后又先后出台了《滇桂黔石漠化片区区域发展与扶贫攻坚规划（2011—2020 年）》《西部地区重点生态区综合治理规划纲要（2012—2020 年）》《岩溶地区石漠化综合治理工程"十三五"建设规划》等重大规划，国家对于石漠化治理的决心可见一斑。

---

① 来源于《岩溶地区石漠化综合治理规划大纲（2006—2015）》，详见 https://max.book118.com/html/2016/1001/56502787.shtm。

石漠化综合治理是一个系统工程，包括林草植被恢复、草食畜牧业发展以及小型水利水保基础设施建设等三大方面①，每类措施的参与主体、参与方式及发挥的作用不尽相同。有学者指出，在石漠化治理中，水是龙头，土是关键，植被是根本。胡业翠等（2008）的研究证明，林业植被恢复工程在石漠化治理中发挥非常显著的作用，通过林业植被恢复治理每提高1%的森林覆盖率，就可以大幅度地缩减4.58%的土地石漠化面积。侯远瑞（2014）提出，封山育林对恢复石漠化地区的森林植被、保护石漠化地区生物多样性、防治病虫害以及涵养水源、保持水土方面发挥很大的生态功效，对建立结构稳定的林业生态系统至关重要。此外，封山育林具有投资少、操作简便、适用性广等优势，适合在岩溶石漠化地区大范围推广运用（杨梅等，2003；侯远瑞，2013）。但新球等（2003）认为选择适宜的造林树种是石漠化治理成功的第一步，树种、林种的选择以及营造林的方式在很大程度上决定了石漠化治理的成败（张锦林，2003）。石漠化综合治理在改善生态环境的同时，还肩负着发展生产、帮助农户增收的使命，因此，选择生态效益和经济效益兼优的造林树种来实施石漠化林业治理非常重要，这在实践中也得到了验证。习近平总书记提出："森林是陆地生态系统的主体和重要资源，是人类生存发展的重要生态屏障"②"发展林业是全面建成小康社会的重要内容，是生态文明建设的重要举措。"③林业建设关系到经济社会的可持续发展，这一问题在党的十八大以来得到了国家的高度重视。对于生态脆弱的石漠化地区而言，森林保护比林业建设更为重要。2018年国家林草局发布的全国第三次石漠化监测结果报告指出，人工造林、种草和植被保护等林业治

①　来源于《岩溶地区石漠化综合治理规划大纲（2006—2015）》，详见 https://max.book118.com/html/2016/1001/56502787.shtm。
②《习近平总书记在参加首都义务植树活动时的讲话（2013年4月2日）》，《人民日报》，2013-04-03。
③《习近平总书记在参加首都义务植树活动时的讲话（2015年4月3日）》，《人民日报》，2015-04-04。

理措施在促进石漠化逆转过程中贡献了 65.5% 的作用。[①]尽管林业植被恢复在石漠化治理中的效果得到了肯定，但在石漠化林业治理中，仍然存在诸多问题，主要表现在：第一，石漠化地区生态系统本身的脆弱性没有根本转变，需要修复的时间较长。一些地区尽管在经过初步治理后恢复了植被，但由于岩溶土地土层较薄，保水保肥能力差，刚刚恢复的植被稳定性还比较差，稍不注意就很容易反弹，造成再次破坏。从国家林草局发布的第三次石漠化监测结果来看，岩溶地区仅有 47% 的乔灌木林得到有效保护，而没有得到有效保护的乔灌木林面积高达 1500 万公顷[②]，这部分林木极有可能难以成活或遭到破坏，从而使林地重新出现石漠化现象。第二，已经治理的石漠化土地往往立地条件相对较好，治理难度和成本相对较低，而仍有 1007 万公顷立地条件更差、治理难度和成本更高的石漠化土地[③]，给后续治理带来了更大的挑战。第三，石漠化地区人地矛盾依然明显。据统计，石漠化地区人口密度达 207 人/平方千米，远大于该区域的理论最大承载密度。而且该区域贫困问题凸显，贫困人口比较集中，人地矛盾导致的结果是仍有 261.6 万公顷石漠化耕地仍在耕种[④]，农户的毁林、砍伐、随意放牧、过度开垦等行为仍时有发生，石漠化边治理边破坏的现象仍在一定范围内大量存在。石漠化治理的成果得不到巩固和保护，将会导致石漠化综合治理前功尽弃，造成资源的浪费和生态的破坏。如何进一步加强石漠化治理，并且有效地对已治理的石漠化土地加强保护，巩固前期石漠化治理的成果，确保石漠化治理长效效应，是当前面临的重大问题之一。而要解决这一重大问题，单靠政府部门自上而下的推动显然是不够的。

---

① 数据来源于国家林草局：《中国·岩溶地区石漠化状况公报》，
　　http://www.forestry.gov.cn/main/138/20181214/161609114737455.html。
② 数据来源同上。
③ 数据来源同上。
④ 数据来源同上。

石漠化主要是由不合理的人为活动造成的，作为石漠化地区最重要的主体，农户对林地的利用行为在很大程度上决定了石漠化林业治理的成败，激励农户持续有效地参与石漠化林业治理是实现治理效果长效机制、促进林地可持续发展的关键。在实际调研中发现，石漠化林业治理涉及不同阶段（前期人工造林与造林成果的后期管护）与不同林种类型（商品林与公益林）。其中，与农户最为密切相关的是政府为同时实现生态效益和经济效益而实施的一些适合石漠化林地的特色经果林种植和管护项目，以及为保护生态公益林而实施的封山育林项目。但现实中由于在石漠化林地上实施的经果林种植生产周期长，经济效益见效慢，难以解决农户短期生产生活的需要，加上实施封山育林限制了农户对林地的使用，而相关的生态补偿制度尚不完善等，农户缺少主动参与石漠化林业治理的积极性，参与后又退种、边治理边破坏、违反封山育林规定等行为仍比较常见，难以实现石漠化林业治理的持续性和有效性。因此，迫切需要探索农户持续有效参与石漠化林业治理的激励机制，充分调动农户积极参与石漠化林业治理，自觉维护治理成果，从而确保林地的可持续利用。

农户参与石漠化林业治理意味着农户要以可持续的方式利用林地资源。制度经济学认为，产权制度的构建能够约束和干预农户对资源的利用行为及其相关的利益分配机制，因此，林地产权被认为是影响农户林地利用行为的重要因素之一。陈志刚、曲福田（2006）认为，在土地产权的激励约束、外部性内部化以及优化资源配置等功能的作用下，土地产权主体会调整其行为方向，从而有利于农业绩效的提高。我国集体林权制度围绕山林权属问题先后经历了多次重大变革，但在改革过程中仍然存在产权不清、利益无着的情况，导致有些地方出现了严重的毁林开荒、乱砍滥伐现象，森林资源惨遭破坏（张颖，2014）。为了确立农户林业经营主体的核心地位，我国于 2003 年开启了新一轮集体林权制度改革，提出了"明晰所有权、放活经营权、落实处置权、保障收益权"的改革措施，旨在从政策层面通过明晰林地产权，赋予农户更安全的林地产权以及更完整的林地产权结构，使广大农户成为林业财产权利的主体（张春霞、郑晶，2009）。安全的林地产权为农户带来相对稳定的收益，完整的林地产权赋予农户更充分的产权行为能力，减少了由于产权模糊所带来的收益不确定性（马贤磊，2010）。值得注意的是，在石漠化地区集体林权制度改革过程中，既要突出生态保护和治理改善的首要地位，又要充分保障农户的林地权益，从而引导和促进农户对林地资源的保护和持续利用行为，确保石漠化治理的长期有效。新一轮集体林权制度改革以保护生态安全、增加农民收入为重要目标，以林地产权的变动为特征，分林到户后，林地产权归属、林地产权安全性以及林地权利束的变化等会影响农户对林地的投资意愿和具体的林地利用行为，而农户对林地资源的利用行为在很大程度上决定了石漠化林业治理的成败。可以预见，新一轮集体林权制度改革以及由此带来的林地产权的变化是影响石漠化地区农户参与林业治理决策，确保石漠化林业治理长效性，促进林地可持续利用和发展的重要政策手段，应纳入农户石漠化林业治理参与行为影响因素的分析范畴。然而，由于林地资源的脆弱性以及生态保护的需要，农户对林地的利用受到的限制较多，集体林权制度改革所带来的林地产权安全性及产权完整性的改善是否能够真正激励农户参与石漠化治理，仍无明确的实证结论。

在时间线路上，我国于 2008 年开始实施石漠化综合治理工程，于 2008 年、2009 年国家在全国范围内全面推开了新一轮集体林权制度改革，并在 2012 年基本完成了主体改革。石漠化综合治理工程与新一轮集体林权制度改革两大政策同时实施的制度背景为本研究从林地产权视角探讨农户持续有效参与石漠化林业治理的激励机制提供了契机。基于此，把林地产权与农户石漠化林业治理参与行为纳入同一分析框架，探究林地产权对农户参与石漠化林业治理行为的影响机理并加以实证检验，一方面可以检验新一轮集体林权制度改革在石漠化地区的实施效果，另一方面为探索农户持续有效地参与石漠化林业治理的激励机制、促进林地可持续利用提供新的思路和方向，对进一步完善集体林权制度改革以及后续开展石漠化林业治理有重要的意义。

1.1.2 研究目的

本研究的总体目标是基于新一轮集体林权制度改革以及石漠化综合治理工程实施的两大制度背景，分析石漠化地区现行林权制度下林地产权安全性及林地产权完整性对农户参与石漠化林业治理行为决策的作用机理，实证检验林地产权安全性及林地产权完整性及对农户参与石漠化林业治理行为的影响，以期充分调动农户参与石漠化林业治理的积极性，确保石漠化林业治理效果的巩固，实现石漠化林业治理及林地资源的可持续利用和发展。为确保研究的切实可行，本研究把总体目标分解为以下三个子目标。

第一，结合石漠化地区在石漠化治理过程中的林业治理实践，确定农户参与石漠化林业治理的具体行为类型，厘清农户参与石漠化林业治理的决策过程，从理论上厘清林地产权与农户参与石漠化林业治理行为之间的内在逻辑关系与作用机理。

第二，实证检验林地产权对石漠化林业治理不同阶段及不同林种类型中农户参与行为的影响，一方面从林地产权对农户参与石漠化林业治理的激励效应检验新一轮集体林权制度改革在石漠化地区实施的政策效果，另一方面为石漠化林业治理的进一步实施、确保治理效果的持续性提供新的思路。

第三，基于林地产权改革完善的视角提出农户持续有效地参与石漠化林业治理的政策措施，以提高集体林权制度和石漠化综合治理措施的有效性和整体效率。

1.1.3 研究意义

1.1.3.1 理论意义

一是拓展了集体林权制度改革与农户林地利用行为研究的视域。近十几年来，学术界对集体林制度改革的研究热度很高，对林改后林地产权与农户林地利用行为及绩效关系的研究较多，但大多集中在传统林区林地产权对一般林地投资、流转行为的影响，而关于林地产权对类似石漠化地区这样生态极脆弱地区的农户具有保护性质的林地利用行为的影响方面的研究较少。本研究立足于石漠化地区特定的区域，从林地产权安全性与林地产权完整性对农户参与石漠化林业治理行为的影响进行研究，弥补这了方面的不足，对进一步深化完善集体林权制度改革有一定的边际贡献。二是丰富了石漠化治理的研究视角。长期以来，石漠化治理主要以国家自上而下推动的政策模式为主，现有研究少有从农户行为的角度研究石漠化的治理问题，并且忽略了不同类型石漠化治理行为的差异性研究。本研究重点聚焦石漠化治理中最重要的林业治理，对农户参与不同环节与不同林种类型的石漠化林业治理行为决策机制进行研究，无论是在理论层面还是在经验层面，均有助于从微观视角理解农户参与石漠化林业治理的激励效应产生机制，从而为探索农户持续有效地参与石漠化林业治理的激励机制提供理论依据。

1.1.3.2 实践意义

本研究根据农户的调查数据，清晰地把握了新一轮集体林权制度改革在石漠化地区实施后农户对其持有的林地产权的认知现状，对集体林权制度改革在石漠化地区的落实程度有了深入了解，同时把握了石漠化地区农户对石漠化治理的认知情况，以及农户参与石漠化林业治理的行为现状。这些现状为相关职能部门科学全面地评价新一轮集体林权制度改革与石漠化林业治理的政策成效，进一步完善集体林权制度改革以及石漠化治理政策制定提供了依据。此外，本研究从林地产权视角探讨农户有效参与石漠化林业治理的激励机制，为更有针对性地提高农户参与石漠化林业治理的积极性提供了新思路，进而为探讨石漠化治理长效机制、促进林地可持续利用提供了现实依据。

1.2 国内外研究现状与述评

1.2.1 林地产权对农户林地利用行为及森林资源变化的影响研究

Besley（1993）等学者认为，产权是一个集合概念，既包括各项权利的构成及数量的多少，也包括各项权利的安全性和稳定性。新一轮集体林权制度改革的核心在于赋予林业经营主体更安全的林地产权和更完整的林地产权结构（吉登艳，2015），从而导致产权主体所拥有的林地产权发生变化，进而影响他们的林地利用行为和森林资源变化。林改后，农户成为林地最重要的经营主体，从农户层面研究林改的政策效果具有重要意义。因此，现有研究既关注林权改革本身对农户林地利用行为及森林资源变化的影响，也侧重研究林权改革后农户林地产权安全性与林地产权完整性对农户林地利用行为和森林资源变化的影响。

1.2.1.1 林权改革对农户林地利用行为及森林资源变化的影响

关于产权与森林资源变化关系的研究，大多证实了明确产权对于森林资源增长的积极作用。Chomitz（2007）在对热带森林过度砍伐和森林资源退化的驱动因素的研究中提出，当地农户对树木和土地拥有的权利有限或没有保障，导致他们无法开发森林资源，也没有任何保护这些资源的动机。Eliasch（2008）的研究也提出，土地所有权和使用者权利缺乏明确性和安全性是极为普遍的，并且已经成为许多国家森林被过度砍伐的一个主要因素。他进一步提出，只有当产权在理论上和实践上得到保障时，对森林资源进行可持续管理的长期投资才会变得有价值，才能促成各国政府、社区和个人以可持续的方式利用和管理森林资源。Barton（2008）等的研究同样证明，赋予农民明确的森林产权可以减缓森林退化的速度，有利于森林覆盖率的提高。Sunderlin（2008）通过对2002—2008年世界各国林权制度改革的研究发现，越来越多的国家通过林权制度改革赋予当地社区和个人森林土地的所有权和更完整的使用权利，增加了森林产权的排他性，从而促使社区和个人对森林资源进行保护和管理。

集体林业占据我国林业的半壁江山，其发展事关国家生态安全、农户增收致富、实现全面小康社会以及乡村振兴。长期以来，高度行政化的林业产权制度导致集体林发展低效滞后（张春霞，1996）。尽管经历了多次改革，我国集体林权制度依然存在产权主体模糊虚置、林权边界不清、权能缺失等产权问题，严重阻碍我国集体林业发展（吴德进，1997；戴广翠等，2002；程行云，2004；林辉煌，2018），因此国家于2003年开始实施以"明晰所有权、放活经营权、落实处置权、保障收益权"为主要内容的新一轮集体林权制度改革（罗必良等，2013；杨扬，2018）。新一轮集体林权制度改革通过明晰产权，从法律上保障了农户的林地权利（Hyde etal.，2018），提高了农户造林、抚育的积极性及林业收入（李娅，2007；孔凡斌，2008；贺东航等，2010；刘珉，2011；曹兰芳，2020；许时蕾，2020；何文剑，2021），各种生产要素向林地聚集，促进了林地面积、森林蓄积、森林覆盖率等森林资源数量的增加和质量的提高（裴菊，2007；张红霄，2007；陈永富等，2011；Xie etal.，2016；朱莉华等，2017）。温映雪（2021）基于福建省农户营造林生产数据的实证研究表明，林地确权形成的分户经营对农户林业生产的资本投入和劳动力投入有显著的促进作用，且对不同禀赋特征的农户存在异质性影响。朱文清（2021）的研究发现，林改确权对农户林地管护的资本和劳动力投入有激励作用，尤其是对劳动力投入的激励效应具有长期性。

1.2.1.2 林地产权安全性对农户林地利用行为及森林资源变化的影响

Demsetz（1967）认为"产权之所以重要，是因为它能帮助人们在交易中形成合理的预期"，安全稳定的产权具有行为激励意义（罗必良、胡新艳等，2019），通过确保投资收益、交易变现以及提高信贷可得性等三个途径激励农户的土地投资（Besley，1993；吉登艳，2015；胡新艳等，2017；林文声等，2018）。土地产权安全具有内在的前瞻性，表达了对构成土地所有权的规则和规范所提供的利益和义务在未来得到维护的期望，反映了对风险的感知（Sjaastad & Bromley，2000）。产权外部性内部化、激励与约束、减少不确定性等功能的实现有赖于产权的安全性（黄和亮，2021），国外很多研究证实了产权安全对农民林地利用行为及森林资源变化的重要性。Zhang & Pearse（1997）对不列颠哥伦比亚、Zhang et al.（2007）对加纳的研究表明，土地和森林产权不安全是制约农民参与造林的重要因素，在拥有安全的土地产权的情况下，农民参与造林活动的可能性更高。清晰和安全的土地产权对于有效地减少毁林和退化以及公平的利益分配至关重要（Bruce et al. 2010）。Clarke et al.（1993）、Hotte（2005）用博弈论分析了土地产权安全对森林的影响，发现产权不安全会增加保护的成本，从而导致更多的森林被砍伐。当把土地产权的不安全性考虑为未来某一时刻土地将被征用（没有公正补偿）的可能性时，土地不安全会缩短最佳木材轮作周期，并可能降低林地的价值，使农业更具吸引力（Reed，1984；Zhang，2001），不安全因素的增加也会导致更多的森林砍伐和森林总存量的下降（Bohn & Deacon，2000）。Dolisca 等（2009）对海地的研究发现，在鼓励森林保护方面，安全稳定的土地产权比其他经济激励措施更有效。Pagdee（2006）在一项共同财产研究的 Meta 分析中发现，林地使用权安全和森林产出正相关。Robinson et al.（2011）的研究发现，毁林及森林退化与一系列复杂的社会经济和政治因素有关，这些因素中最重要的是土地产权及土地产权安全性。从理论角度看，产权直接决定了谁有权从森林中获益、谁有责任保护森林，但明确和安全的林地产权对林地产生积极还是消极影响，则取决于政治和经济条件。

产权权属不安全而引发的产权问题是影响我国集体林发展的主要障碍之一，严重影响人们参与森林资源保护与林业投资的积极性（戴广翠，

2002）。新一轮集体林权制度改革的目的在于通过明晰产权、勘界发证等手段提高林地产权的安全性，激发农户参与林业生产经营的积极性（温雪，2015；张红，2016；杨扬，2018）。孙妍（2008）运用实地调研数据对林权改革的绩效进行评价，发现通过提高农户对林地产权的安全稳定预期，可以促使他们对林地进行可持续利用。改革带来的林地产权安全鼓励了农户对森林资源保护的参与行动（黄欣等，2013），促进了森林面积和蓄积的增长（张英等，2012），降低了森林灾害风险（张英等，2015）。产权安全对于森林可持续经营非常重要（黄培锋等，2018），促进了农户林地投资的积极性和林地投资水平（吉登艳，2015；黄培锋等，2017），但这种影响对不同的造林树种有所差异（杨铭，2017），且林地产权安全性因受资源禀赋、产权初始状态、产权调整经历以及林权改革执行力度等因素的影响而呈现一定的区域差异（徐晋涛等，2008；王小军等，2013）。杨扬（2018）则关注了林地产权安全对农户林业管护行为的影响，并验证了农户的林地产权安全感知对其管护次数和管护强度的显著影响。维护林地产权的安全性与稳定性，对提高农户的营造林积极性有重要的促进作用（温映雪，2021）。但也有一些文献认为，林地产权安全性的提高降低了农户失去土地的风险，导致农户将生产要素向比较收益更高的非农部门转移，从而减少了农户的林业经营投入（Hatcher etal.，2013；王见等，2021）。

由于目前对产权安全的理解存在差异，学者们对产权安全的度量也有所不同。有学者把产权（不）安全理解为产权或权利的（不）确定性（Sjaastad etal.，2000），也有人认为产权收益的稳定性代表了产权安全，更多的学者认为产权（不）安全指的是失去产权或权利的风险或可能性（黄和亮，2021）。目前比较主流的观点认为，土地产权安全包括法律层面、事实层面以及感知层面的产权安全三个维度（Van Gelder，2010；Ma，2013；吉登艳，2014；黄培锋，2018；黄和亮，2021），并且认为感知层面的产权安全是影响农户土地利用决策的基础（Broegaard，2005；Van

Gelder，2010；Ma etal.，2013；吉登艳，2015），突出感知层面的产权安全对农户集体林经营行为的影响的研究很有必要（Broegaard，2005；吉登艳，2015；黄和亮，2021）。吉登艳（2015）的研究表明，农户更倾向在未来更不可能被征收或调整的地块（即感知到产权安全的地块）上投入资本。杨扬（2018）的研究表明，当农户感知到产权安全时，其在林业经营中的除杂投入、施肥投入及采伐概率都有明显提高。王雨格等（2021）的研究表明，提高农户的安全感知增加了农户与林地权属的稳定性，进而促使农户做出流转行为。

1.2.1.3 林地产权完整性对农户林地利用行为及森林资源变化的影响

在产权安全性之外，赋予农户更完整的林地产权是新一轮集体林权制度改革的另一重要内容（吉登艳，2015）。农户所拥有的林地相关权利束（使用权、处分权和收益权）的多少以及每项权利的完整程度构成了林地产权的完整性（吉登艳，2015）。确保林地产权的完整性、可分性和交易性，对激励农户高投入、高质量、高水平地进行营造林活动有积极作用（温映雪，2021）。集体林权制度改革通过一系列的制度设计赋予农户由使用权、处置权和收益权构成的林地产权结构（张红宵，2015）。张五常认为完整的产权应由使用权、转让权和收益权构成，而转让权的实质就是处置权。相对于单项权利而言，林地产权结构对农户的行为边界进行了更清晰的界定，相互关联的产权要素也对农户的收益预期与行为决策产生更系统的影响（何文剑，2019）。进一步讲，林地的使用权、处置权和收益权还可以分解为不同的权利束，如张红宵（2015）、何文剑等（2014）、何文剑（2019）等把林地使用权进一步细分为林地拥有权、林种选择权以及林木的采伐权等三个方面，把林地处置权进一步分为流转权、抵押权和合作权等两个方面，把收益权进一步细分为销售林木、林业税费以及林业补贴等三个方面。张英等（2012）、Yi etal.（2014）则认为林地使用权应包含转变林地用途、改变林地类型、自主选择树种以及经营非木质林产品等权利。Yi etal.（2014）把农户对林地的流转权进一步分解成村内流转权与村外流转权。张英（2012）把抛荒权纳入林地产权结构。可见，目前对于林地产权结构中各项权利具体包含的权利束的界定还没有一致的结论。在对林地产权完整性的测度上，有些学者关注农户"是否真正获得了某项权利"（何文剑，2014；Liu etal.，2017；朱文清，2019），还有些学者使用等差赋值的方法测度农户实际拥有某项权利的多少（任洋，2018），王见等（2021）用产权的实现程度来衡量农户对各项产权的持有情况，有些学者倾向于从农户主观认知方面判断其"是否拥有某项权利"（孙妍，2008；张英，2012；Yi etal.，2014；吉登艳，2015；杨扬，2018）。

与农地相类似，学界认为完整的林地产权一方面可以强化产权的安全性；另一方面可以优化资源配置，使外部性内部化，通过"产权稳定效应""抵押效应"和"实现效益"等影响农户的林业经营行为，进而影响森林资源的变化（张红霄，2015；何文剑，2019）。基于此，不少学者尝试从实证层面验证林地产权完整性对农户行为及森林资源变化的影响效应。但如前所述，由于不同学者对林地产权完整性的界定和测度不同，实证研究难以形成一致性结论。在林地使用权方面，吉登艳（2015）、任洋（2018）在研究中发现完整的林地使用权对农户的林地投入有显著的促进作用；何文剑（2014）、张英（2012）的研究则发现林地（林木）拥有权、林木采伐权、林种选择权等会刺激农户的林木采伐决定；张英（2012）的研究发现，赋予农户采伐权导致森林面积减少，赋予农户林下资源使用权则有助于延缓农户的木材采伐行为；而曹兰芳（2015）则发现采伐权对农户的造林面积、抚育面积以及采伐面积均没有显著影响；Yi etal.（2014）发现赋予农户转变林地类型的权利可以显著地促进农户的林地投资行为。在集体林处置权方面，任洋（2018）的研究发现，完整的林地处置权显著提高了农户的林地投入积极性；完整的林地流转权激励农户加大林地投入、除杂投入等（朱文清，2019；杨扬，2018），显著扩大了农户的造林面积（曹兰芳，2015），对森林面积、森林蓄积有明显的扩大和提高作用（张英，2012）。但也有一些研究认为，由于农村土地市场发展缓慢、林业投资回收期长等，农户土地流转的收益变现难以实现，因而拥有完整流转权的农户反而没有进行林业投资（吉登艳，2015）。杨扬（2018）发现，赋予农户完整的林地抵押权降低了农户在采伐环节的投入，但对农户施肥环节和除杂环节的投入没有显著影响；张英（2012）、何文剑（2014）、吉登艳（2015）、朱文清（2019）的研究都表明，抵押权对农户的林地投资、林木采伐及森林面积等均无明显影响，这可能是受到林地抵押贷款门槛高、农户林权抵押贷款可得性较低等原因的影响。此外，对林地的收益权方面，杨扬（2018）、Lin etal.（2018）、朱文清（2019）等人的研究发现，造林补贴、林业补贴对农户的林地投资有显著的促进作用，有利于林地面积的增加（Liu etal.，2017）。但也有很多学者认为林地收益权对农户的造林管护、造林面积等没有明显的促进作用（曹兰芳，2015；任洋，2018）。王见（2021）的研究表明，由于当前林业生产的比较效益较低，林地使用权实现程度的提高反而会降低农户林业生产经营的资本和劳动投入，而林地处置权的提高则有利于增加农户对林地经营的资本和劳动力投入。

1.2.2 农户参与石漠化治理行为方面的研究

有学者把我国岩溶地区的严重石漠化问题归因于该区域较大强度的人类活动，与之相对应，世界上其他同纬度、相似气候和地貌条件的岩溶地区因为人烟稀少，并没有出现广泛的石漠化问题（袁道先，2001）。资源、环境、人口和发展的压力，使石漠化地区的环境承载力迅速降低，环境压力越来越大（李松，2014）。岩溶生态环境破坏的主体是人，石漠化治理的主体是人，石漠化治理的出路以及石漠化治理的成果最终也要服务于人（熊康宁，2006）。农户是石漠化地区最重要的微观主体，其经济行为将决定石漠化治理的成效。因此，基于农户经济行为的视角对石漠化问题及其治理进行研究是非常有必要的。

1.2.2.1 农户行为与石漠化形成之间的关系

人类活动（尤其是人类的土地利用行为）与自然环境有着密切的关系。Gunn etal.（1991）较早从人为因素的角度开展了欧洲奎尔卡山区人类活动对岩溶生态的影响研究。Crouch（1991）指出，鉴于岩溶山区极其脆弱并具有较强自毁性的生态系统特性，人类要对其进行不断投资才能维持其长期平衡。但国外岩溶地区人口相对稀少，人地矛盾相对缓和，在岩溶生态脆弱区主要实施以自然恢复为主的生态环境保护措施（张军以等，2013）。相比之下，我国西南岩溶地区人地矛盾突出，石漠化的发生发展经历了一个从无到有、由轻及重的长期过程，问题更加严重复杂。

现有的绝大部分文献认为，特殊的自然因素与人为因素综合作用导致石漠化，但由人口暴增所带来的不合理的人为活动才是其主要根源（白晓永等，2009；王晓燕，2010；杜文鹏等，2019）。石漠化演变过程与农村居民点用地演变过程有着密切的关系，在农村居民点演变速率更快的地区，农村生产建设活动更频繁，人类活动强度大，更容易导致石漠化的发生以及加重石漠化问题（李晓青等，2020）。罗雅雪等（2018）、文林琴等（2020）的研究表明，在贵州省人口更为密集、农业活动更为频繁、经济密度更高的西北部地区，其土地利用负担更重，石漠化发展较东南部地区更为严重。石漠化形成的人为驱动主体是农户（苗建青，2011），农户乱砍滥伐、陡坡耕种、过度放牧、过度樵采等不合理的经济行为直接或间接地引发生态环境的恶化。而对于农户不合理经济行为的产生，现有文献从三个方面进行了解读：一是长期封闭的山地环境和思想意识在阻碍山区群众异地开发的同时，也使得他们自觉或不自觉地破坏环境和掠夺自然资源以维持生计，从而导致岩溶山区的生态系统遭到严重破坏（李阳兵等，2004；王建锋等，2008；罗娅等，2010）。二是作为理性经济人的农民个体在其经济活动中追求利益最大化，而其决策能力及素质决定了其对自然资源和环境条件的利用方式，不同土地的利用方式导致不同程度的石漠化（李小建，2009；李阳兵等，2006；蓝安军等，2001）。三是战争、"赶英超美"等历史原因，以及长期以来的城乡发展政策导向等因素加剧了岩溶地区的人地矛盾（万合锋等，2015）。

也有学者对石漠化形成过程中的人为因素提出了不同的观点。苗建青（2012）的研究发现，人地矛盾并没有想象的那样明显地促使生态环境的恶化，贫穷也并不必然导致石漠化发生。在我国家庭联产承包责任制下，对土地依赖性更强的贫困农户会更加积极精心地进行农地经营，从而降低其承包地的石漠化率。他还指出，我国土地产权制度不完善使得农户缺乏稳定的长久预期，农户对土地粗放经营，这才是石漠化形成的根本原因。

1.2.2.2 石漠化治理中的农户参与

石漠化治理不仅要具备植被恢复和水土保持等生态功能（李阳兵，2004），还应该具备社会经济发展与民生改善等多重功能。在治理过程中，加强对石漠化地区居民行为的引导，促使他们主动参与石漠化治理，自觉维护治理成果，才能实现石漠化标本兼治（李阳兵等，2005）。因此，研究石漠化治理过程中农户的参与行为、治理技术的采纳行为，选取适合农户需求的石漠化治理模式尤为重要。

（1）石漠化治理中的农户参与及响应。

格蕾琴·C.戴利等（2005）认为，政府设计环境保护政策时应重视和尊重当事者的响应态度，并鼓励他们积极参与。政府强制性的政策尽管也能执行，但往往具有不稳定性（阿马蒂亚·森，2013）。在居民积极参与的情况下，生态保护政策更容易坚持下来并最终获得成功（Scoones et al.，2009），否则将会陷入过高的维护成本并最终被放弃（Xu et al.，2007）。农民保护环境的动机取决于他们对环境保护的成本和收益的内在比较，在家庭劳动机会成本较高的情况下，农民往往推迟保护措施（苗建青，2012）。

现有文献对农户参与石漠化治理的影响因素及响应机制进行了定性和定量研究，研究方法主要是通过对具体区域进行参与性农户评估（PRA）、用统计学方法对调研数据进行描述性分析、运用 Logistic 二元回归或多元回归等模型进行分析。比较一致的看法是，农户的自身因素、家庭因素以及政策因素等均对农户参与石漠化的治理行为产生了影响，但由于研究中选择的具体区域、指标体系、研究方法和研究角度的差异，得出的结论也有所不同。黎洁（2009）认为较高的民主程度使得西部山区农户乐意并且能够与社区领导进行有效沟通，进而促进他们参与森林管理的行动。于一尊等（2009）在对石漠化山村农户对环境移民政策及重建预案的认知与响应行为进行研究时发现，移民区农户的环境意识相比非移民区大大加强，但当他们面临决策时并没有将生态环境摆在重要位置。窦新丽（2014）认为农户的文化程度、农户的健康程度、家庭经济情况和饮水是否困难、当地政府的支持政策等因素显著影响了石漠化地区农户参与社区水资源的管理。余霜等（2014，2015a，2015b）对贵州喀斯特地区农户参与石漠化治理的行为进行了研究，发现户主性别、年龄、是否村干部、是否党员，以及耕地块数、石漠化治理的培训情况、前景预测等因素对农户参与石漠化治理意愿产生了影响，农户对参与石漠化治理有较高的积极性，但农户的治理投入行为总体呈现投入渠道单一、资金投入匮乏、劳动力替代资金投入的特征。付同刚等（2016）的研究认为影响农民石漠化治理参与意识的主要因素是农民的文化程度和年龄，生态示范区内农民参与意识要远好于非示范区。温馨（2020）的研究表明，土地资源开发和利用单一、农户对土地和农业依赖程度大是导致其不愿参与退耕还林治理石漠化的主要因素，促进农户生计多样化有利于提高农户参与退耕还林治理石漠化的意愿。

（2）农户参与石漠化治理模式的研究。

　　探索石漠化治理的适宜模式一直是学界研究的热点。学者们从不同喀斯特地貌类型、不同等级石漠化、不同石漠化类型、不同立地条件等方面探索研究石漠化的治理模式（肖华等，2014）。文献基于主成分分析法、层次分析法、灰色关联分析法等方法，从生态效益、经济效益和社会效益方面对不同的石漠化治理模式的效果进行了评价（熊平生等，2010）。近年来，有部分学者尝试从农户的适宜性视角对当前石漠化治理的一些具体模式进行了评价。陈世发等（2014）的研究发现，植树种草等保护性种植耕作模式是粤北农户最推崇的水土流失治理模式，其次是坡面治理模式。而农户普遍因对循环经济认识不足而不愿采用生态农业模式。张军以（2015）从提高经济收益和控制投入成本两方面提出了适合石漠化地区农户的小流域治理的具体模式。付同刚（2016）的研究发现，石漠化治理中的生态农业模式能被多数农民所接受，但政府支持的经济发展模式往往因存在成本较高、农产品销路有限、技术应用难等复杂问题而难以长期实施，而农民自发形成的发展模式虽然容易实施，但往往因规模较小而面临较大的市场风险。秦建文等（2021）对广西石漠化地区发展核桃合作社治理石漠化的模式进行了研究，发现合作社与贫困户社员的利益联结处于松散状态，两者的合作模式仍处于初级水平，农户缺乏主动参与核桃管护的积极性。

1.2.3 农户参与石漠化林业治理行为与森林资源保护方面的研究

　　在石漠化防治中的首要任务是提高区域植被盖度、降低岩石裸露率（文林琴等，2020）。石漠化地区的林业生态治理与林业产业发展是相互影响、密不可分的两个系统（刘振露，2019）。胡业翠等（2008）的研究证明，林业植被恢复工程对石漠化治理的影响非常显著。封山育林对恢复石漠化地区的森林植被、保护石漠化地区生物多样性、防治病虫害以及涵养水源、保持水土方面发挥很大的生态功效，对建立结构稳定的林业生态系统至关重要（侯远瑞，2014）。此外，封山育林具有投资少、技术简便、适用性广等优势，适合在岩溶石漠化地区广泛推广（杨梅等，2003；侯远瑞，2013）。但新球等（2003）认为选择适宜的造林树种是石漠化治理成功的第一步，张锦林（2003）认为林种、树种和营造林方式的正确选择是决定石漠化治理成败的关键。在石漠化地区，石漠化林业治理本质上是一种森林保护行动，目的是通过治理引导农户积极参与林地石漠化的治理，实现对林地资源的可持续利用。石漠化地区的林地产权制度改革对实现石漠化土地的长久治理和农民的增收致富有重要的意义（黄学勇等，2011）。林地产权是影响西南地区农户林业生态环境保护与建设行为的重要因素（冉瑞平，2006）。苗建青（2012）指出，农户对土地的粗放经营才是石漠化形成的根本原因，这是由于土地产权制度的不完善，农户缺乏稳定的持久预期，不愿意对土地进行长期投资。林业植被恢复是石漠化治理的根本，通过治理行动调整农户的林业经营行为，促进林地利用的可持续性，形成生态好转与农户增收的良性循环。如何激励农户参与石漠化林业治理是确保治理效果长效机制的前提，但目前有关林地产权与农户参与石漠化林业治理行为的研究仍比较少见。

1.2.4 研究述评

综上所述，国内外学者在集体林权制度改革、林地产权对农户林地利用行为及森林资源变化的影响等方面进行了广泛深入的研究，也对石漠化治理中的农户参与行为进行了有益探讨，积累了丰富的研究成果，为本研究提供了充实的理论基础和经验借鉴。但是，现有研究仍然存在不少值得深入完善的地方。

第一，现有研究对新一轮集体林权制度改革后林地产权变化与农户林地利用行为及森林资源变化之间的关系给予了大量关注，并基本形成了"集体林权制度改革——林地产权变化——农户林地经营行为——经济绩效或森林资源变化"的研究进路，但不难发现，目前对于农户林地利用行为的研究主要集中在农户的林地生产性投资行为和林地流转行为等方面，对农户的林地保护性行为的研究涉及较少，研究的区域也主要集中在福建、江西等较早实施集体林权制度改革的省份，而对于集体林权制度改革实施较晚的省份研究较少，尤其是涉及石漠化等生态脆弱地区农户保护性的林地利用行为的研究更少。对于生态脆弱的石漠化地区林地产权与农户石漠化林业治理行为关系的研究仍比较少见。此外，尽管林改后的林地产权安全性与林地产权完整性对农户林地经营行为及绩效的影响研究得到了关注，但由于对林地产权安全性与林地产权完整性的测度尚无一致标准，研究结论各有差异，对林地产权安全性与林地产权完整性的内涵界定及测度仍有待进一步拓展。

第二，目前对农户参与石漠化治理行为的研究为数不多，已有研究主要关注农户自身特征因素、石漠化治理政策因素等对农户参与石漠化治理行为的影响，而对于产权制度安排、石漠化地区区域背景等深层次因素的影响研究仍较少。此外，石漠化综合治理工程项目种类较多，各类工程的重要程度及发挥的主要作用不同，参与主体、参与方式差异较大，而现有研究笼统地把石漠化综合治理工程作为一个整体来研究农户参与治理的投入行为，缺少对林业治理等具体工程类型的农户参与行为的研究。

第三，石漠化林业治理是石漠化综合治理工程的核心所在，虽然现有研究对退耕还林、补造补种、人工造林等石漠化林业治理措施在林业植被恢复中的重要性和贡献进行了肯定，但此类工程效果的可持续需要当地农户的积极配合和深度参与，并对治理成果进行管护和巩固。在本研究的调研中发现，石漠化林业治理涉及不同环节（前期人工造林环节与造林成果的后期管护环节）以及不同林种类型（商品林与公益林）的治理。其中，与农户最为密切相关的是政府为同时实现生态效益和经济效益而实施的一些适合石漠化林地的特色经果林种植和管护项目，以及为保护生态公益林而实施的封山育林项目。但现有文献基本没有对农户在不同阶段以及不同林种类型的治理行为中的差异进行研究。

在新一轮集体林权制度改革以及石漠化综合治理工程同步实施的两大制度背景下，本研究试图把林地产权与农户参与石漠化林业治理的行为纳入同一分析框架，聚焦于新一轮集体林权制度改革后林地产权的变化对农户参与石漠化林业治理的不同阶段以及不同林种类型治理行为决策的作用机理并加以实证检验，以期从林地产权视角探讨农户有效参与石漠化林业治理的激励机制，为更有针对性地提高农户参与石漠化林业治理的积极性提供新思路，进而为探讨石漠化林业治理长效机制、实现林地资源的可持续利用提供理论和现实依据。

1.3 技术路线图、主要研究内容与框架

1.3.1 技术路线图

本研究的思路为：通过文献梳理、相关政策资料的学习与初步调研，了解石漠化地区新一轮集体林权制度改革以及石漠化综合治理的政策背景及现实问题，提出研究议题"林地产权对农户参与石漠化林业治理行为的影响研究"，并设计研究方案。结合研究目标与研究内容确定具体调研方案，选择典型调研区域、设计调查问卷，然后深入调研区域开展调研工作，获得本研究所需数据。借鉴产权经济学理论、农户行为理论及可持续林业发展理论等剖析林地产权影响农户参与石漠化林业治理行为的内在逻辑与作用机理，构建理论分析框架。利用实地调研获得的数据实证检验林地产权对农户参与石漠化林业治理行为的影响。对研究结论进行总结提炼并提出对策建议。

本研究的技术路线如图 1-1 所示：

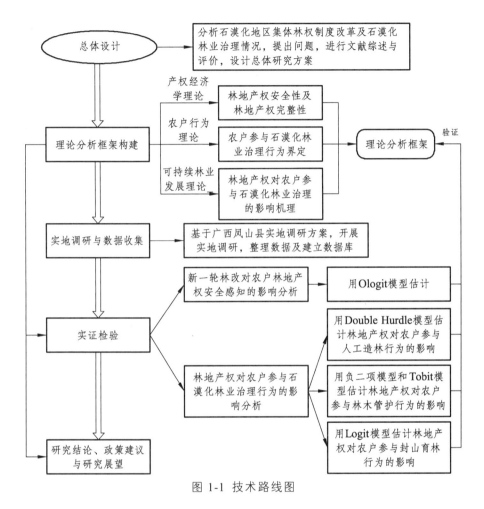

图 1-1 技术路线图

1.3.2 主要研究内容

本研究的主要内容具体包括以下几个方面。

（1）理论分析框架构建。

以产权经济学理论、农户行为理论、林业可持续发展理论等为指导，以新一轮集体林权制度改革以及石漠化综合治理工程实施为政策背景，结合当前集体林权制度改革在石漠化地区的实践以及石漠化地区林业治理的情况，剖析林地产权影响农户参与石漠化林业治理行为的内在逻辑与作用机理，构建林地产权与农户石漠化林业治理行为研究的理论分析框架，为后续研究提供逻辑思路与理论基础。

（2）石漠化地区农户林地产权现状及农户石漠化林业治理参与情况的调查与描述。

通过实地调查了解新一轮集体林权制度改革在石漠化地区的落实情况，对林改后石漠化地区农户林地产权的变化以及农户对林地产权的认知情况进行全面掌握。同时，调查掌握农户对石漠化与石漠化治理的认知情况、对石漠化治理政策的了解情况，并对农户参与石漠化林业治理的现状进行全面调查与描述，为后续实证研究提供数据支持。

（3）林地产权对农户参与石漠化林业治理行为的影响分析。

实证检验林地产权对农户参与石漠化林业治理不同环节以及不同林种类型的治理行为的影响。农户参与石漠化林业治理的主要行为有：选择适宜的树种进行人工造林（简称为人工造林）、对林木进行持续管护（简称为林木管护）以及参与封山育林。因此分别有：①林地产权对农户参与人工造林行为的影响研究；②林地产权对农户参与林木管护行为的影响研究；③林地产权对农户参与封山育林行为的影响研究。农户的参与行为除了受林地产权因素的影响外，还会受到农户自身特征、家庭特征、石漠化治理政策、林地禀赋等因素的影响。具体采用的方法和指标的选择在调研方法部分（见 1.4）详细介绍。

（4）提出基于林地产权完善创新的激励农户有效参与石漠化林业治理的对策建议。

基于石漠化地区林业治理成果长效性的目标，在前面理论与实证分析的基础上，从林地产权完善创新角度提出农户持续有效参与石漠化林业治理的激励政策。

1.3.3 内容框架

根据研究目标与研究内容，全文章节安排如下。

第1章，绪论。主要介绍研究背景、研究目的与研究意义，对国内外研究现状进行梳理与述评，对研究思路、主要内容和总体框架进行介绍，说明研究使用的方法，并对研究可能的创新之处进行总结。

第2章，概念界定、理论基础及理论分析框架。首先对林地产权、林地产权安全性、林地产权完整性、石漠化治理以及农户石漠化林业治理行为等重要概念进行内涵界定。其次，对研究所涉及的产权经济学理论、农户行为理论、可持续林业发展理论等进行梳理，并指出这些理论在本研究中的具体应用。最后，剖析林地产权对农户参与石漠化林业治理行为的作用机理，构建林地产权与农户石漠化林业治理行为研究的理论分析框架。

第3章，集体林权制度改革与石漠化综合治理的历史追溯与现实考察。系统梳理新中国成立以来三个主要历史阶段集体林权制度改革的历史变迁，从历史角度呈现集体林权制度改革存在的问题。同时，对2008年以来我国石漠化综合治理工程实施的背景、过程、效果等进行梳理和总结，对当前石漠化综合治理存在的问题和挑战进行阐述。

第4章，样本数据的调研与描述。对本研究所使用数据来源及调研区域进行说明，对样本农户基本特征进行描述性统计分析；对调研所获得的数据进行整理，利用调研数据分析农户对新一轮集体林权制度改革以及石漠化综合治理的整体认知情况；最后分析农户参与石漠化林业治理的基本现状，为后续研究提供数据支持和分析依据。

第5章，新一轮林改对石漠化地区农户林地产权安全感知的影响分析。从理论上解释新一轮集体林权制度改革对农户林地产权安全感知的影响机制，把农户林地产权安全感知细分为林地调整风险感知、林地征用风险感知以及林地纠纷风险感知三个方面；基于广西河池市凤山县的调研数据，运用Ologit模型估计了林权改革变量、干群关系及其交互项对石漠化地区农户林地产权安全感知的影响。

第6章，林地产权对农户参与人工造林行为的影响分析。从理论上分析林地产权对农户参与人工造林行为的影响机理并提出研究假设，基于广西河池市凤山县农户参与核桃经济林种植的调研数据，用 Double Hurdle 模型实证检验林地产权对农户参与人工造林决策的影响。

第 7 章，林地产权对农户林木管护行为的影响分析。从理论上分析林地产权对农户参与林木管护行为的影响途径并提出研究假设，基于广西河池市凤山县农户参与核桃经济林管护的调研数据，用负二项模型与 Tobit 模型实证检验林地产权对农户参与管护行为的影响。

第 8 章，林地产权对农户参与封山育林行为的影响分析。介绍封山育林在石漠化林业治理中的重要性，从理论上分析林地产权对农户参与封山育林行为的影响机理，基于广西河池市凤山县农户参与生态公益林封山育林情况的调研数据，运用 Logit 模型实证检验林地产权对农户参与封山育林行为的影响。

第 9 章，研究结论、政策建议与研究展望。对本研究的内容进行回顾，提炼全文的研究结论；根据理论及实证研究结果，结合实际情况，提出基于林地产权完善创新的农户持续有效参与石漠化林业治理的政策建议；指明本研究可能存在的不足以及进一步研究的方向。

1.4 研究方法

本研究在国内外现有研究成果与理论分析基础上，通过实地调研获取研究数据，并进行实证检验。研究过程综合运用了文献梳理与归纳总结相结合、问卷调查与访谈调查相结合、规范研究与实证研究相结合的研究方法，具体如下。

1.4.1 文献梳理与归纳总结相结合

首先，利用中国知识资源总库（CNKI）、Springer 全文数据库等国内外数字资源平台，围绕林地产权与农户林地利用行为及森林资源变化的关系、农户参与石漠化治理的行为及影响因素等内容，对国内外现有研究成果进行系统梳理和评述。其次，对本研究涉及的产权经济学理论、农户行为理论和可持续林业发展理论等理论发展脉络进行系统梳理。最后，对我国集体林权制度改革与石漠化综合治理的历史沿革进行梳理，以改革开放及 2003 年新一轮集体林权制度改革为重要时间节点，将集体林权制度的历史沿革分别为改革开放前的林权改革（1949—1978 年），以及改革开放后的林业"三定"和市场化改革阶段（1978—2003）以及 2003 年以后的林权深化改革阶段等三个阶段。对新一轮集体林权制度改革后农户的林地产权现状及存在问题、农户参与石漠化林业治理的现状及存在问题进行归纳总结，提出本研究需要解决的现实问题与理论问题，剖析林地产权对农户参与石漠化林业治理行为决策的影响机理，并提出本研究的理论分析框架。

1.4.2 问卷调查与访谈调查相结合

问卷调查采取随机分层原则，在凤山县金牙乡、凤城镇、砦牙乡、三门海镇、乔音乡、中亭乡、平乐乡、江洲乡等八个乡镇分别选择 2~4 个行政村，根据村庄规模在每个村内随机选取 20~25 个农户进行调查，共发放 588 份问卷，得到有效问卷 549 份，通过问卷调查了解农户家庭基本情况、家庭林地资源、当地石漠化治理实施情况、农户参与石漠化林业治理的情况、林改在当地的实施情况（包括确权方式和发证情况等）、农户对林改后的林地产权利认知等。访谈调查主要是通过走访广西壮族自治区林业厅、河池市林业局和发改委、凤山县林业局、凤山县水果局等单位，与负责林权制度改革和石漠化治理的相关人员进行访谈，同时与所调研的各行政村村委进行深入访谈，充分了解新一轮集体林权制度改革在石漠化地区的落实状况以及石漠化林业治理的实施现状。

1.4.3 规范研究与实证研究相结合

规范研究主要解决"应该是怎样"的问题，在本研究的国内外研究综述、核心概念界定、基础理论梳理、理论分析框架的构建以及集体林权制度改革和石漠化综合治理的历史沿革等方面采用了规范分析的研究方法。在本研究的第 5、6、7、8 章主要采取了实证研究的方法，利用对广西凤山县 549 个农户的调查数据，运用 Ologit 模型实证检验了新一轮集体林权制度改革的实施对石漠化地区农户林地产权安全感知的影响，并从农户对林地产权的认知角度，运用 Double Hurdle 模型实证检验林地产权安全性与林地产权完整性对农户参与人工造林行为（是否参与及参与程度）的影响，运用负二项模型和 Tobit 模型实证检验林地产权安全性与林地产权完整性对农户参与林木管护行为(管护频率与管护强度)的影响，运用 Logit 模型实证检验林地产权安全性对农户参与封山育林行为的影响。

1.5 创新之处

第一，把林地产权与石漠化地区的农户林业治理行为纳入同一分析框架。一方面，从林地产权改革完善的角度为激励农户积极参与石漠化林业治理、促进农户对林地的可持续利用提供新的思路方向，丰富了石漠化治理的研究视角；另一方面，从林地产权对农户参与石漠化林业治理的激励效应评价了新一轮集体林权制度改革在石漠化地区的实施成效，对进一步深化完善集体林权制度改革有一定的边际贡献。

第二，从林地产权安全性和林地产权完整性两个方面衡量集体林权制度改革导致的林地产权变化，把农户经历的林权纠纷纳入影响林地产权安全性的重要因素，丰富和拓展了林地产权安全性的内涵；从农户对林地使用权、林地流转权以及林地抵押权的权利等持有情况的认知来测度林地产权完整性，有利于探析产权结构中对农户参与石漠化林业治理行为真正发挥作用的产权变量及其对应的产权政策。

第三，从不同环节、不同林种类型入手探究林地产权对农户参与石漠化林业治理的影响。基于石漠化林业治理的前期造林环节与后期管护环节，以及经济林与生态林两个不同林种，探析林地产权对农户参与石漠化林业治理行动的影响，有利于甄别农户在不同治理环节与不同林种治理中的决策机制以及林地产权的影响机制。

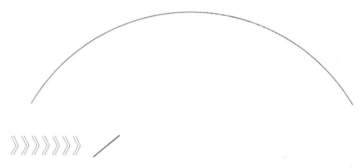

2 概念界定、理论基础及理论分析框架

本章主要对研究涉及的核心概念进行界定，并对研究中需要借鉴的主要理论进行梳理和介绍，进而剖析林地产权对农户参与石漠化林业治理行为的作用机制，构建林地产权与农户石漠化林业治理行为研究的理论分析框架，为后续实证研究提供理论支撑和铺垫。

2.1 重要概念界定

清晰的概念界定有利于明确研究对象和研究的边界，结合已有的研究以及本研究的目标，重点对林地、林地产权、石漠化治理、石漠化林业治理行为、人工造林、管护、封山育林等核心概念的内涵进行界定。

2.1.1 林地

林地是森林和林木的载体，是森林物质生产和生态服务的源泉，是森林资源资产的重要组成部分。根据《中华人民共和国森林法》的界定，林地是指郁闭度 0.2 以上的乔木林地以及竹林地、疏林地、未成林造林地、灌木林地、采伐迹地、火烧迹地、苗圃地和县级以上人民政府规划的宜林地。根据我国现行的土地利用分类标准，林地包括乔木林地、竹林地、灌木林地以及沿海生产红树林的土地等。在我国社会主义土地公有制下，作为农村土地的一种，林地与农地一样归国家或集体所有。本研究所指林地为集体所有的林地，集体林地既包括以生产木材、薪柴、经济林果等发挥经济效益为主的商品林林地，也包括以发挥生态效益、社会效益为主的生态公益林林地。我国实施商品林与公益林分类经营的管理体制①，对商品林和公益林实施不同的管理体制、经营机制和政策措施。新一轮集体林权制度改革后，商品林林地通过分林到户，基本实现

---

① 我国从 20 世纪初开始实施林业分类经营管理体制，在《森林法》第六条中明确提出，国家以培育稳定、健康、优质、高效的森林生态系统为目标，对公益林和商品林实行分类经营管理，突出主导功能，发挥多种功能，实现森林资源永续利用。

权属由集体向农户个人转变。集体生态公益林地的权属则主要分为两种
情形：一是确权到集体，由集体统一经营和管护，发放集体林权证，然
后采用均股均利的方式进行利益分配；二是根据宜分则分的原则，在保
持公益林地性质不变的前提下，对部分生态公益林地采取像商品林地一
样均山到户的方式确权到农户，给农户发放林权证。由于石漠化林业治
理要"保护与发展"并重，既要对生态公益林地进行封育管护，也要在
确保生态保护的前提下选择适宜的经济林树种种植，发挥其经济效益。
因此，石漠化林业治理既包括商品林林地的治理，也包括公益林林地的
治理。在本研究后面的研究中，第 6 章农户参与人工造林行为以及第 7
章农户参与林木管护行为主要以石漠化地区核桃经济林的种植和管护为
例，第 8 章农户参与封山育林行为则以生态公益林地为例。

2.1.2 林地产权、林地产权安全性与林地产权完整性

2.1.2.1 林地产权

根据产权经济学理论，产权即财产权，是对财产各种权利的总称。
产权界定了人与人之间的经济利益关系（张建龙，2018）。完整的产权体
系由一组权利束（包括所有权、使用权、收益权和处置权，即"四权"）
组成（罗必良等，2013），这些权利束在空间和时间上的不同分布组合和
排列形成了不同的产权结构，同时也界定了产权主体对财产的责任、权
力和利益。

林权的本质是森林资源财产权（张建龙，2018），由权利主体对森林
资源的所有权、使用权、收益权和处置权构成（盛婉玉，2007；罗必良
等，2013；杨扬，2018），每项权利的边界由具体的林权政策进行界定（任
洋，2018）。在所有森林资源中，林地是森林、林木赖以生存的基础，又
鉴于土地产权的重要性，林地产权被认为是林权中最重要的组成部分（刘
小强，2010；罗必良等，2013）。

林地产权是以林地为客体的相关权利的组合，包括林地所有权、林

地使用权、林地收益权和林地处置权等。我国集体林实行统分结合的双层经营制度，即所有权与使用权分离，林地所有权归集体经济组织中的劳动者全体共同享有，农户享有其承包林地的使用权。但是，由于森林资源产生的生态效益具有公共产品的属性，林业经营外部性特征非常明显（罗必良等，2013），因此，承包林地的农户不能完全自由地占有或任意支配其林业经营的收益权和处置权（如林地转让、抵押、出租，或林木的采伐和销售等），而必须受到相关国家法律的约束和林业政策的干预。随着对林地产权含义理解的加深，一些学者认为林地产权不仅包含传统意义上的产权结构（即"四权"权利束组合）的完整性，还应包含各项权利束的稳定性或安全性（Besley，1993；吉登艳，2015；杨扬，2018）。要全面认识林地产权，必须要从林地产权的安全性和林地产权的完整性两个方面来理解。因此，在本研究后面第6、7、8章考察林地产权对农户石漠化林业治理行为的影响时，主要从林地产权安全性和林地产权完整性这两个维度来衡量林地产权。

此外，在新一轮集体林权制度改革的背景下，林地产权具有统一的法律界定，但是在实施和落实层面受到具体区域背景以及地方政府、村集体组织对政策的理解和执行偏差的影响而有所差异。而在农户层面，农户通过对集体林权制度改革政策以及政策执行情况等信息的收集、甄别、筛选，结合个人认知水平以及环境因素等形成对林地产权的差异化认知。Denzau & North（1994）认为个体认知和信念将会影响其决策，进而影响人们的行为。农户参与石漠化林业治理的决策涉及其对收益与风险的衡量，从而也就涉及农户的社会心理问题。农户对林地产权的认知会对其行使能力、参与石漠化林业治理的意愿与程度、自身利益等方面产生直接影响，是影响其行为和决策的基础和重要因素（Broegaard，2005；吉登艳，2015；任洋，2018），因此，本研究在后续第6、7、8章的实证研究中主要从农户认知的角度来测度林地产权变量。

2.1.2.2 林地产权安全性

学界对产权安全的具体内涵尚无一致答案，有学者认为土地产权主体所拥有的权利束的强度（包括权利的多少及完整度）、持有土地的时间长短反映了土地权利的内容和构成（Bruce etal.，2010；戴广翠等，2002；武剑，2009），而其所拥有的土地权利的确定性则反映了土地产权的安全性（Sjaastad etal.，2000）。目前比较主流的观点认为，土地产权安全包含法律层面、事实层面以及感知层面的产权安全三个维度（Van Gelder，2010；Ma，2013；吉登艳，2014；黄培锋，2018）。

法律层面的产权安全是指通过法律化的土地登记确权和国家政策保护以确保土地的安全性（Broegaard，2005；Van Gelder，2010）；事实层面的产权安全主张从产权主体对财产的实际控制权来理解和定义产权安全；感知层面的产权安全被认为是土地使用者感知到的安全感或者不安全感（Carter，2003），是个人对其土地所有权情况的一种体验或感觉状态，这种感觉状态来源于土地产权主体对现有产权状况的主观评价，以及未来由于发生土地调整、征用或纠纷等因素可能导致其失去土地权利的一种可能性判断或者感知（Broegaard，2005；Van Gelder，2007）。三者之间的关联性表现在：首先，法律上的产权安全只有落实到事实上的产权安全并且被产权主体所感知，才能发挥其最大效用；其次，事实产权安全与感知产权安全依赖于法律产权安全的保障，否则其作用也是非常有限的；最后，很多学者认为，产权主体对产权状况的感知，如产权主体对"失去土地的可能性认知"以及"失去土地的担心"等才是形成其决策和行动的基础（Broegaard，2005；Van Gelder，2010；吉登艳，2015），法律层面的产权安全与事实层面的产权安全通过感知层面的产权安全才能对产权主体的经济行为起作用（黄培锋等，2018）。把感知层面的产权安全作为认识农户经济行为的核心因素是非常必要的（Broegaard，2005；吉登艳，2015）。因此，本研究重点关注感知层面的产权安全。

2.1.2.3 林地产权完整性

产权完整性是指产权权能的完善程度，当权利主体排他性地占有某项权利，并且对这项权利有自由的转让权时，则可认为其对于该项权利的拥有是完整的（陈志刚、曲福田，2006）。因此，林地产权完整性可以由产权主体对其所拥有的林地权利或权利组合（即林地产权结构）是否具有排他性以及是否可自由转让来衡量（吉登艳，2015）。具体而言，林地产权完整性是指农户所拥有的林地相关权利束（使用权、处分权和收益权）的多少以及每项权利的完整程度。

纵观现有文献，对于具体的林地产权结构的界定和测量根据研究目的的不同而有所差异，具体体现在林地产权结构中权利束的数量多少以及测度差异。张红霄等（2015）、任洋（2018）认为完备的林地产权结构是由林地使用权、林地处分权和林地收益权构成。但具体这三项权利中包含哪些细分的林地权利，文献中则有不同的见地。孙妍、徐晋涛等（2011）用农户对林地的经营权、交易权和抵押权来衡量林地产权结构；张英、宋维明等（2012）把林地产权结构界定为林地的采伐权、使用权、流转权、抛荒权和抵押权的组合；Yi etal.（2014）、吉登艳（2015）则认为农户拥有的林地产权束应细化为林地转为农业用途的权利、林地转为其他林业用途的权利、自主选择树种的权利、经营非木质林产品的权利、林地抛荒的权利、林地抵押权利、林地流转（包括村内流转和村外流转）的权利等；何文剑（2014）用林地（林木）拥有权、林木采伐权、林木抵押权、林木收益权来表示农户拥有的权利束的多少。林地收益权要以使用权和处置权的实现为前提（张建龙，2018），而处置权（包括流转权和抵押权等）又是林权改革的关键（吕月良等，2005），很多学者认为集体林权制度改革后林地的使用权、流转权、抵押权是目前影响农户进行林地经营和保护的最重要的权利要素（Li etal.，2000；孙妍，2008；吉登艳，2015；杨扬，2018；任洋，2018）。因此，本研究所指林地产权完整性主要包括林地使用权、流转权和抵押权等三项权利束及各项权利的完整程度。

2.1.3 石漠化与石漠化综合治理

中国西南部是世界上最大的喀斯特岩溶地区之一，该区域岩溶地貌分布广泛，呈连片发展的态势，以典型的热带、亚热带岩溶为主。受岩溶地质地貌、土壤、气候等自然因素外加人为因素的影响和作用，西南岩溶地区生态系统极为脆弱。一方面，地面崩塌、滑坡、泥石流等自然灾害频发；另一方面，岩溶碳酸岩易溶蚀、土壤形成难流失易、生物群落相对单一、对外界环境异常敏感，植被一旦遭到破坏极难恢复，就容易造成水土流失基岩裸露，逐渐演化成类似于荒漠化的石漠化现象。石漠化是导致西南岩溶地区灾害频发、生态恶化、经济落后的重要根源，严重制约石漠化地区的经济社会发展。早在20世纪80年代就有人提出石漠化灾害的概念，但直到20世纪90年代，学术界才出现了以研究石漠化为核心的文献。到了20世纪90年代末，石漠化问题开始引起社会各界的高度重视。袁道先等（1997）指出石漠化专指在喀斯特地区森林植被退化、岩石裸露的地质过程。石漠化产生的基础是西南喀斯特地区脆弱的生态环境，但人类活动的干扰对其演进具有持续触发作用。国务院2008年批复的《岩溶地区石漠化综合治理大纲》以及2016年国家发改委出台的《岩溶地区石漠化综合治理工程"十三五"建设规划》中都把石漠化定义为"在热带、亚热带湿润、半湿润气候条件和岩溶极其发育的自然背景下，受人为活动干扰，地表植被遭受破坏，造成土壤侵蚀程度严重，基岩大面积裸露，土地退化的表现形式"[①]，这也是目前国内比较统一认可的石漠化定义。石灰岩溶地质土层薄，保水保土能力差，容易导致基岩裸露而引起生态破坏，致使土地生产能力衰退或丧失。从成因来说，导致石漠化的主要因素是不合理的人为活动，主要源于区域性的人地矛

---

① 来源于 http://www.gov.cn/xinwen/2016-04/20/content_5066197.htm。

盾突出，为解决温饱问题盲目毁林毁草垦荒、过度樵采和放牧，再加上经济发展过程中一些不合理的开发建设等，导致植被破坏，水土流失，土地逐渐丧失农业利用价值，最终造成"人口增加——陡坡耕种——林草退化——石漠化"的恶性循环。

一方面，石漠化地区区域内人地矛盾突出，"三农"问题十分突出，经济发展严重滞后。另一方面，石漠化导致耕地减少、土地质量下降、水源枯竭，生态环境退化、旱涝灾害频发，影响农业、林业、牧业、副业和渔业的发展，进一步严重制约了石漠化地区的社会和经济持续、快速、健康发展，加剧了石漠化地区经济发展与生态保护的矛盾。因此，石漠化的治理受到国家与社会各界的高度重视和关注，并在21世纪初上升为国家战略。2007年，国家发改委编制了《岩溶地区石漠化综合治理规划大纲（2006—2015）》，目的是改善岩溶地区生态环境，恢复林草植被，遏制土地石漠化扩展。2008年，国务院批复了该大纲，意味着石漠化综合治理成为一项独立的、系统工程，采取专项资金，并改变以往石漠化治理中条块分割、缺乏沟通协调、治理措施单一等状况，按照综合治理的思路全面展开。石漠化综合治理是一项重点生态建设工程，其实施以小流域为单位，通过林草植被恢复、草地畜牧业发展、基本农田建设、能源建设以及水土保持设施建设等一系列措施，对石漠化进行综合治理，控制人为因素可能产生的新的石漠化现象，逐步恢复石漠化地区的生态系统，优化调整石漠化地区的土地利用结构和产业发展。

2.1.4 石漠化林业治理行为

如上所述，石漠化治理是一项十分复杂的系统工程，需要按照综合治理的思路来进行，治理措施涉及林草植被的保护和建设、草食畜牧业发展、水土资源开发利用、农村能源建设等多方面的内容。实践证明，恢复植被是石漠化治理的关键，林草植被保护与建设是石漠化治理的核心。本研究把石漠化综合治理中的林草植被保护与恢复工程统称为石漠化林业治理，农户的石漠化林业治理行为即农户为参与林草植被保护与恢复而进行的投入。在实践中，石漠化林业治理可以总结为"造"（即人工造林）、"管"（即加强林木管护）、"封"（即封山育林）、"沼"（即建设沼气池）、"用"（即石山森林资源加工利用）、"补"（即对石漠化生态林实行森林生态效益补偿）等六个方面（陈秋华，2012），其中对植被恢复发挥最主要作用的是人工造林、林木管护以及实施封山育林。此外，经调研发现，在石漠化林业治理中，与农户最为密切相关的是政府为同时实现生态效益和经济效益而实施的一些适合石漠化林地的特色经果林种植和管护项目，以及为保护生态公益林而实施的封山育林项目。因此，本研究把农户参与石漠化林业治理的行为界定为农户参与"造""管""封"等三个方面的行为，即选择适合石漠化地区的经济林树种进行人工造林（以下简称人工造林）、对林木进行持续的管护（以下简称林木管护）以及参与公益林的封山育林。这三种行为包含石漠化林业治理实施的不同环节（前期造林与后期成果管护）以及不同林种类型（经济林与公益林）的治理。沼气池建设作为能源项目，是农户薪柴能源的重要替代品，在某种程度上会影响农户参与石漠化林业治理（尤其是封山育林）的行动决策。生态补偿是对农户参与石漠化林业治理的激励，因此后续研究中将把这两者作为影响农户参与石漠化林业治理的影响因素。

值得注意的是，为了保证石漠化林业治理的效果，政府部门把部分集体林地的造林、管护和封山育林等林业治理工程通过招标的方式外包给具有相关资质的第三方公司实施治理，农户可以通过投工投劳的方式参与这些项目。但由于本研究主要考察林地产权与农户林业治理行为之间的关系，而第三方治理的农户参与形式与林地产权的关系不大，本研究所指的石漠化林业治理行为主要指农户个体在自家承包的商品林林地或公益林林地上的石漠化林业治理参与行为，不包括农户以投劳方式参与第三方治理的情况。

2.1.4.1 人工造林行为

在《岩溶地区石漠化综合治理规划大纲（2006—2015）》中，对石漠化林业治理中的人工造林进行了清晰界定：根据不同的生态区位条件，结合地貌、土壤、气候和技术条件，遵循自然规律，因地制宜，科学营造防护林、水土保持林和薪炭林，根据市场需要和当地的实际，大力发展特色经济林果（国家发展和改革委员会，2008）。本研究所指的人工造林主要是指根据石漠化林地的立地条件选择适合石漠化地区的经济林树种进行造林。具体而言，主要是在石漠化林地中有土层的山腰地带，选择耐旱耐贫瘠的树种进行人工造林，或种植经济物种，把植树造林与发展经济林果结合起来，大力发展特色产业，以提高植被覆盖率，促进石漠化土地的恢复重建，发展林业经济促进农民增收。生态改善、生产发展、农民增收是石漠化治理的主要目标，而实现这一目标的关键在于选择生态效益、经济效益兼优的造林树种（侯远瑞，2014）。选择生态效益和经济效益兼优的树种进行人工造林，既是快速恢复植被、实现林地生态治理的重要手段，也是确保农户的林地经营效益、提高农户收入的重要手段，有利于调动农户参与石漠化林业治理的积极性。发展经济林果业是各地石漠化治理中常用的人工造林治理办法，原因在于经济林果业不仅可以发挥较好的生态效益，其衍生的产业链还能够带来较大的经济效益，有利于带动石漠化地区的经济发展，对发动农户积极参与造林及改变原有的生产方式非常有利。因此，本研究重点关注农户参与经果林的人工造林行为。

2.1.4.2 管护行为

石漠化林业治理中的管护是指对治理前期种植的林木进行施肥、抚育伐、病虫害防治、间伐、立木改进等抚育和管护工作，管护活动是抚育、防火、防虫、防盗的复合概念。造林还要管林，"三分造、七分管"，持续管护才是保障石漠化治理效果长期有效的关键所在。石漠化地区封山育林与植树造林实施多年，确实取得了一定成绩，但对于林木的栽后管护问题重视不足，许多造林项目由于后期缺乏管护而以失败告终，造成大量人力、物力、财力的浪费和损失。林木生长周期较长的特征决定了在造林完成后要对林木进行包括抚育、除杂、施肥、防火、防虫、防盗等工作在内的持续管护（杨扬，2018）。由于石漠化林地上造林生长周期长、收益变现慢等特点，且相对于造林的一次性投入而言，林木的持续管护工作重复性更高，农户需要付出更多的时间、精力和经济成本。而目前的石漠化治理政策设计对后期管护问题重视不够，资金投入不足，缺乏相应的激励机制，导致农户"只栽不管"或"重栽轻管"的现象还很普遍，甚至出现参与后又退种、造林后又毁林的情况。如何激励石漠化地区农户对林木的持续管护，才能改变目前植树造林项目中只造不管或重造轻管的状况？本研究重点关注农户对经果林的持续管护行为。

2.1.4.3 封山育林行为

国务院 2008 年批复的《岩溶地区石漠化综合治理大纲》以及 2016 年国家发改委出台的《岩溶地区石漠化综合治理工程"十三五"建设规划》指出：封山育林是利用植被自然修复力，以封禁为基本手段，辅以人工措施促进林草植被恢复的治理措施。①坡陡以及基岩裸露率高、植被稀少的石山顶部被列为封山育林的主要区域，一些人为破坏严重的岩溶区域也是封山育林的重点，通过实行封山育林，促使植被在自然或者干扰少的状态进行恢复（田秀玲，2011），利用封山育林进行石漠化林业治理具有投资小、见效快的特点，适合在石漠化地区广泛推广。封山育林有全封、半封和轮封等三种模式，具体在实践过程中选择哪一种模式，既要考虑培育目标和封育类型的特点，也要考虑封山区域的植被覆盖状

---

① 国家发展和改革委员会，《岩溶地区石漠化综合治理规划大纲》，https://m ax.book118.com/html/2016/1001/56502787.shtm；《岩溶地区石漠化综合治理工程"十三五"建设规划》，http://www.gov.cn/xinwen/2016-04/20/content_5066197.htm。

况、水土流失程度，更要结合当地群众生产、生活需要来决定。封山育林对恢复石漠化地区的森林植被、保护石漠化地区生物多样性、防治病虫害以及涵养水源、保持水土方面发挥很大的生态功效，对建立结构稳定的林业生态系统至关重要（侯远瑞，2014）。封山育林是一种行之有效的保护性林业技术措施，其公共性质很强，但封山育林又是一种群众性的森林恢复途径，需要农户的广泛参与（温佐吾，马宏勋，1999）。石漠化地区封山育林的对象主要是生态公益林，因此封山育林的实施往往与生态公益林补偿政策一起，一方面，将石漠化林地划分为生态公益林，采取封山育林的方式进行生态保护，禁止农户砍柴、放牧、开垦等破坏生态的行为；另一方面，通过生态公益林补偿政策对农户因参与封山育林而导致的收益损失进行补偿，以激励农户遵守封山育林规定，实现对生态公益林的保护。因此，本研究所指的农户参与封山育林行为，是指农户遵守相关封山育林规定，不在封山区域进行采伐、砍柴、放牧等行为。如何通过经济和制度手段，激励和约束农户参与封山育林的行为是关键性问题。

2.2 理论基础

2.2.1 产权经济学理论

由本研究对林地的定义可知，林地不仅具备资源属性和财产属性的性质，同时具有"公共资源"的属性。在我国现行土地制度下，林地的所有者主体相对单一，而使用者主体则相对多元化。新一轮集体林权制度改革后，农户成为集体林地最重要的利用主体，农户参与石漠化林业治理意味着农户要以可持续的方式利用林地。林地产权安排是否能激励农户参与对石漠化林地的治理？如何完善林地产权以激励农户持续有效地参与石漠化林业治理，从而实现林地的可持续利用？这是本研究面临的核心问题。因此，产权经济学理论理所当然地成为本书最重要的理论基础之一。

西方产权经济学理论兴起于 20 世纪 50 至 60 年代，以科斯在其代表作《企业的性质》《社会成本问题》中提出的交易费用和产权两个重要概念为基石，后来经过阿尔钦、德姆塞茨、诺思、张五常以及巴泽尔等人的不断丰富发展，在产权安排及其对经济主体的行为、资源配置、经济绩效等方面的重要性进行了深入的分析（刘守英、路乾，2017），大幅提升了人们对真实世界中产权的认识。

2.2.1.1 产权的定义

目前，对产权内涵的界定主要产生了"关系说""权利束说""功能说"等三个差异化的阐释方向。"关系说"认为产权是人与人之间以物为基础的社会关系。比如，马克思将产权定义为人们围绕财产而建立形成的人与人之间的经济权利关系，当它体现为国家和法律时就表现为财产关系和法权，是所有制经济关系的法律表现形式（吴易风，2007），在不同性质的所有制经济关系中有不同的性质和形式（杨扬，2018）。费雪指出，产权是一种抽象的社会关系，产权决定了社会中谁受益、谁受损，因此，产权本质上既是分配机制，也是利益机制（Fisher，1932）。菲吕博顿、配杰威齐（1994）认为产权是由于稀缺物的存在及其特定用途而形成的人与人之间的关系。对于土地产权而言，土地所有者拥有的并非土地本身，而是其对土地财产的权利，因此，土地产权实际上是土地所有者对土地的权利关系以及土地所有者与其他人之间的关系（Munzer，1990；刘守英，2017）。"权利束说"认为产权是一种权利（权利束）。诺思（1991）认为产权本质上是一种排他性的权利；阿尔钦认为产权是在稀缺条件下人们使用资源的权利（Alchian，1972）；巴泽尔（1997）提出，产权包括对资源的排他性使用权、从资源使用中获取租金的收益权，以及把资源以出售或其他方式转让给他人的转让权（徐慧，2012）；产权就是财产权，包括所有权、使用权、受益权和转让权等多种权利。以德姆塞茨为代表的"产权功能说"在西方被广泛应用。德姆塞茨认为"产权是一种社会工具,它的意义在于帮助一个人在与他人进行交易时形成合理的预期""产权的一个主要功能是引导激励机制,以实现更大程度的外部性内部化"(Demsetz,1967)。

尽管不同学者对产权的定义表达不同,但他们近乎一致地认为,产权作为产权主体对财产所拥有的权利,至少包含产权主体对财产的专有使用权、自由转让权和独享收益权等权利束或权利束组合,并且在明晰产权的情况下,资源配置的效率将得到显著提高。产权实质就是界定对稀缺资源使用的行为规则,不同的产权安排会导致不同的资源使用权利,会产生不同的经济效率(刘清泉,2017)。

2.2.1.2 产权的特征与功能

一般认为,产权应该具备可分解性、排他性与可让渡性等基本特征。产权的可分解性是指产权可以分解为多种权利状态(张术环,2005),不同的权利状态形成了一定的产权结构。完整的产权结构由所有权、使用权、收益权和处置权等权利束或它们的组合构成(杨扬,2018),这些权利束的不同排列组合通过不同的行使主体进行分工合作以实现资源配置的优化(陈志刚、曲福田,2006)。产权的排他性与可让渡性被认为是产权最重要的两项权能特征。排他性决定了一种稀缺资源的有权使用者使用该种资源并从该种资源中获益的权利不受他人干扰与侵犯。可让渡性决定了产权可以根据一定的合约议定在不同的主体之间进行整体或部分的转让,产权"可分解"是产权"可让渡"的前提和基础,产权可让渡性有益于实现资源向效率最高的使用者配置。但资源有效配置的前提是清晰的产权界定,因此,产权的可分解性、排他性与可让渡性又是以产权的明晰性来决定的。清晰的产权界定是市场交易和资源有效配置的基础,产权界定不仅包括法律上的登记颁证,还包括实际上对各项权能的充分而清晰的赋权。随着对产权内涵的理解不断深入,产权的安全性和稳定性也受到了前所未有的重视，只有安全稳定的产权才能使产权主体建立稳定的预期，从而产生稳定的激励机制。

产权的功能主要包括界区权责、激励约束以及资源配置等三个方面。产权的界区功能明确了产权的归属以及产权主体在经济活动中的行为边界，确定了产权主体应该享有的权利和需要承担的义务，从而减少经济活动中权、责、利关系的不确定性。产权的激励约束功能表现在：一方面，清晰、合理的产权制度安排具备调动产权主体的积极性、激发产权主体追求更多产权权利的动机以及鼓励产权主体的投资和保护行为等动力机制；另一方面，产权在赋予产权主体权利的同时也明确了他们应负的责任，并通过经济利益约束、法律约束、道德约束等机制去约束其对资源的过度利用行为。产权的激励约束功能是通过引导人们实现外部性内在化实现的（马贤磊，2008）。产权的资源配置功能体现在，产权安排本身就是资源配置的过程，通过界定各种资源的权利而形成的权属状态就是产权进行资源配置的结果。不同主体持有的产权权利和义务形成了不同的资源配置状态，而且产权主体出于对利益的追求会把产权转移到更有利的方向，从而改变原有的资源配置格局（陈志刚、曲福田，2006）。

2.2.1.3 产权如何影响经济行为、资源配置及经济绩效

对于产权安排如何具体影响经济行为、资源配置及经济绩效，Demsetz（1967）认为，产权就像一种制度装置，具有预期和激励的功能，可以帮助行为主体形成合理的预期，还赋予产权主体造福或伤害自己或他人的权利。当产权安排经常变动，造成经济主体"不稳定"的预期时，其激励作用将是负向的。不同的产权强度、深度和广度形成了差异化的产权结构，进而对人的行为和资源配置产生差异化的影响。权利主体拥有资源的多少、权利的大小、权利受保障的程度决定了其对资源的利用行为，进而导致资源使用的效果产生极大差异（刘守英等，2017）。产权还可以"引导各种激励机制，更大程度地是外部性内部化"。界限明晰的

产权界定了经济主体的权利和利益，从而界定了他的行为选择集合，稳定的收益预期使其行为具有激励性（黄少安，2004）。科斯认为，当产权得到完善的保护时，资源使用的外部性以及由此引发的争议也会减少（刘守英等，2017）。通过对产权进行清晰的界定和保护，可以降低交易费用，实现资源的有效配置，进而影响经济绩效。产权制度安排还可以作为一种良好的保障机制来降低由不确定性可能带来的不良后果（张振环，2016），而这种保障机制通常是由产权的稳定性或安全性来发挥作用的。总而言之，产权通过使外部性内部化、激励约束机制、资源优化配置效应、保障机制等功能促使行为主体的行为向有利于降低成本、增加产出和提高效率以及对资源的持续合理利用的方向发展（陈志刚、曲福田，2006；张振环，2016；杨扬，2018）。

林地作为一种社会资源，其稀缺性是林地产权制度产生的根源。林地资源的稀缺性要求人们要合理配置和利用有限的林地资源，而林地产权安排则反映了社会对人们使用林地资源的行为规范。林地产权包括林地所有权、林地使用权、林地处置权、林地收益权等，林地产权同样具备激励功能、资源配置功能、约束功能和保障功能。新一轮集体林权制度改革实现了对集体林地的"赋权"功能，林地产权决定了农户对林地的产权行为能力及预期，直接影响农户的林地利用行为，进而影响到林业生产绩效与森林资源的可持续发展。因此明晰林地产权、提高农户林地产权安全性以及农户林地产权行为能力是增加农户林业投入、提高林业生产绩效和促进林业可持续利用发展的基础，也是集体林权制度优化的需要。

2.2.2 农户行为理论

传统经济学对农户行为研究的重点在于农户的生产、消费和劳动力供给等行为决策（任洋，2018），基于农户行为"非理性"与"理性"的假设，分别涌现了多个代表性的农户行为理论。其中，以恰亚诺夫为代表的"劳动消费均衡"理论和以詹姆斯·斯科特为代表的"小农生存道义学说"理论成为"生存小农学派"的代表，其理论是基于农户行为"非理性"的假设之上的。以西奥多·舒尔茨为代表的"理性小农利润最大化"理论则建立在农户行为"理性"的假设基础上，开创了"理性小农学派"的研究；以黄宗智为代表的"内卷化或过密化"理论则基于中国特殊国情背景，认为在满足了家庭需要之后，小农行为会从"非理性"转向"理性"（徐慧，2012）。

恰亚诺夫和斯科特的相似之处在于认为农户的经济行为是非理性的。恰亚诺夫（1996）在其代表作《农民经济组织》中分析了农户家庭经济组织问题，他认为"农户家庭是独立于资本主义企业之外的有独特运行逻辑和规则的体系"，在非市场化条件下，对于小农家庭而言，其生产活动的目的不是追求利润最大化，而是为了满足家庭基本需要，小农从主观上判断自家消费需求与劳动辛苦程度之间的平衡，而非利润与成本之间的平衡（徐慧，2012）。斯科特（2001）在《农民的道义经济学》中指出，小农经济是保守的、落后的，在进行生产行为决策时会平衡风险，遵循"以生存为目的""安全第一"的原则，追求最低风险的生产，而非像资产阶级那样精于利润计算，因而资本主义经济学不宜被用来分析小农家庭经济特征。与恰亚诺夫和斯科特的观点不同，舒尔茨（2003）在《改造传统农业》中指出，小农是"理性的小农"，与其他市场经济主体一样，都是"理性经济人"，他们按照市场经济的理性原则进行资源配置和生产要素投资（杨扬，2018），因此"利润最大化"是小农的行为准则，在其生产过程中总能发挥要素的最大效率。波普金进一步完善了舒尔茨的小农理论（Popkin，1980）。类似地，林毅夫（1998）、史清华（2005）等也认为我国农户经济行为属于"理性小农"行为。而黄宗智（2000）在《华北的小农经济与社会变迁》及《长江三角洲小农家庭与乡村发展》中则综合了"非理性"与"理性"的两种分析，认为在同时受到"家庭劳动结构"的限制和"市场经济"的冲击下，小农维持生计的同时也追求利益,是"自我雇佣的受剥削的耕作者",在边际报酬非常低的情况下,小农可能仍会继续在有限的耕地面积上投入高度内卷的劳动力以获得更高的土地收益,因为这时其家庭劳动的机会成本几乎为零。

随着传统经济学的不断外延和扩展,Simon(1972)提出了有限理性假设。有限理性假设认为,农户理性地进行生产经营决策,但由于受到信息可得性、学习技能、制度、社会资本、人力资本等方面因素的制约,这种理性有时是有限的,存在一定的风险和不确定性。近年来,行为经济学纳入心理学要素,对个体的非理性行为进行了更为开放性的研究。行为经济学认为,生活在现实复杂环境中的个体,受到个人认知能力的约束与复杂社会环境因素的影响,其行为也是非常复杂的,感性判断与理性推理可能交替出现。而社会环境因素通过作用于个体的思维方式和内在需求,改变其行为选择(Hoff & Stiglitz,2016;杨扬,2018)。认知系统和感性系统共同作用于个体的行为决策(Kahneman,2003),"有限理性""有限意志力""有限自利"体现了个体行为决策的本质,并形成了经济学的微观分析基础,在农户经济行为的研究中也得到了广泛运用。

上述农户经济行为理论的梳理对研究农户参与石漠化林业治理的行为有重要的借鉴意义。李小建等(2009)指出,农户通过经济行为与土地发生联系,因此,农户的林地利用行为与森林资源环境有着密切的关系。现有的文献绝大部分认为,石漠化是特殊的自然因素与人为因素综合作用的结果,其中人口的激增、不合理的人为活动是造成石漠化的主要根源,农户乱砍滥伐、陡坡耕种、过度放牧、过度樵采等不合理的经济行为不仅加速了森林的破坏,而且增加了土壤流失退化的风险,直接或间接地引发生态环境的恶化(庞娟、冉瑞平,2019)。在岩溶地貌生态环境与社会经济条件的约束下,农户作为集体林地最直接的利用主体,如何依据资源现状进行林地利用决策,直接影响森林资源的可持续发展。农户林业经营的主要利益诉求是追求经济效益,农户是否选择参与石漠化林业治理工程,取决于其参与石漠化林业治理工程前后的成本收益比较。随着经济社会的发展，农户素质较以前有所提升，一些农户在经营林地过程中也会考虑社会效益、生态效益等。但总体而言，经济效益仍然是农户在进行行为决策时的主要利益诉求，是决定农户是否参与的关键因素。因此，本研究认为农户在面临是否参与石漠化林业治理行为决策的时候，遵循"理性经济人"假定。

2.2.3 可持续林业发展理论

20世纪60年代，海洋生物学家蕾切尔·卡逊的著作《寂静的春天》出版后，引起了人们对环境保护问题的关注。1972年，联合国在人类环境会议上首次提到了可持续发展（Sustainable Development）概念，可持续发展理论由此诞生。在环境与发展领域，国际社会围绕"什么是可持续发展"问题展开了广泛讨论。1987年，世界环境与发展委员会（WCED）在《我们共同的未来》报告中对可持续发展的定义为："既满足当代人的需要，又不对后代人满足其需求能力构成危害的发展。"这一定义成为文献中对"可持续发展"较为广泛接受和认可的定义。我国学者潘存德（1994）认为，WCED对可持续发展的定义只强调了时间尺度上的可持续性，而在日趋全球化和复杂化的现代环境问题面前，空间尺度的可持续性也应引起足够重视。因此，潘存德（1994）对可持续发展定义为：当代人的需要不会危害后代人对其需求能力的满足，同时特定区域的需要不会对其他区域满足其需求能力构成危害的发展。

可持续发展理论最早关注的是城市发展进程中的资源短缺与环境污染问题，随着研究的不断深入，"可持续农业""可持续林业"和"可持续工业"等概念也纷纷进入研究视野。其中，林业引入可持续发展概念是在20世纪80年代末期，美国学者和加拿大林业工作者几乎同时注意到了可持续发展对林业的重要性（潘存德，1994），并相继提出了"森林可持续发展""林业可持续发展""森林可持续经营"等相关概念（关百钧、施昆山，1995）。加拿大林业研究所的研究人员认为，在森林经营中，可持续发展表现为"可持续的林地管理"，即森林资源的利用管理不会损害生物的多样性，同时不会影响林地未来用于经营其他森林资源。联合国环境与发展大会于1992年通过的《关于森林问题的原则声明》指出，森林资源和林地应该以可持续的方式管理，以满足当代人和后代在社会、经济、文化和精神方面对林产品和服务的需要（关百钧、施昆山，1995）。潘存德（1994）认为对可持续林业的界定同样应考虑时间和空间的尺度，他把可持续林业定义为：在特定区域内，对当代人和后代人满足森林生态系统及其产品和服务的需求均不构成危害的林业。但新球（1996）认为，可持续林业的核心是林地的可持续经营，目的是在实现林地可持续利用的同时，维持生物多样化和生态系统的稳定性。可持续林业理论为人类调整自身行为，对森林生态系统进行有效管理以实现人与森林之间的协同进化提供了依据。当前，社会对林业的需求已不仅仅满足于木材等林产品的多样化供给，对林业改善人类生存环境、保障国土生态安全的生态功能也有了更高的需求。一方面，林业可持续发展通过改善生态环境为农业生产提供生态屏障，进而促进农业的可持续发展；另一方面，林业可持续发展在满足经济高速发展所需的木材等林产品需求的同时，还可以通过综合开发木材、果、竹、木本粮油、药材、土特产品等模式为山区乡村振兴提供重要助力。

林改之后，作为林地最重要的经营主体，农户如何依据其资源现状进行林地利用决策，直接影响林地资源的可持续发展。而农户是否能够积极主动地参与林地资源的可持续利用，需要以产权保障为前提条件。与一般林地有所区别，本研究所涉及的石漠化地区的林地属于资源约束型林地类型，其特点有四。一是由于喀斯特地貌地区生态系统极为脆弱，对外界环境干扰异常敏感，林地植被一经破坏就难以恢复，容易造成水土流失，出现石漠化现象。二是石漠化林业治理的激励功能偏弱。主要原因是石漠化地区集体林地土量少、土层薄、易流失，立地条件差，对抗自然灾害的能力较弱，林业生产风险比一般林地要大，对于农户等林地利用主体而言，在石漠化林地上进行投资的预期收益相对较低，因此农户会相对减少对石漠化林地的生产要素投入。三是石漠化林业治理的外部性较强。石漠化治理在给参与治理的农户带来一定经济收益的同时，还有一个重要功能是修复生态系统，具有明显的社会效益和生态效益，通过加强植被建设，提高石漠化地区林草植被盖度，提高石漠化地区保土以及涵养水源的能力，确保下游生态安全，给全社会带来福利。四是森林资源本身具有一定的公共物品属性，尤其是一些未利用或未确权的林地，其产权形态较为模糊，在一定程度上影响了林地资源的配置效率。林地的石漠化本身是由毁林开荒、陡坡耕种、过度樵采等不可持续的林地利用行为引起的。基于石漠化林地的以上特征，本研究认为，在石漠化治理的过程中，应以林业可持续发展理论作为指导。

2.3 理论分析框架构建

以产权经济学、农户行为理论、可持续林业发展理论等为指导，以新一轮集体林权制度改革以及石漠化综合治理工程实施为政策背景，结合集体林权制度改革在石漠化地区的实践以及石漠化地区林业治理的情况，分析林地产权影响农户石漠化林业治理行为的内在逻辑，提炼和构建林地产权影响农户石漠化林业治理行为的理论分析框架，为后续研究提供逻辑思路与理论参考。

2.3.1 林地产权影响农户石漠化林业治理行为的内在逻辑

土地资源稀缺性是土地产权理论与土地可持续发展理论形成的共同基础（曲福田，2000）。从产权的角度来说，没有明确的产权界定、无约束的非排他性使用是造成资源被过度利用的根本原因。因此，通过明晰的林地产权界定，建立有约束的排他性方式来引导林地资源的可持续利用，为实现林地资源可持续发展指明了可行方向。与其他产权一样，林地产权主要通过其功能和林地产权制度安排来对林地的可持续利用发生作用。但林地产权并不直接影响林地的可持续发展，而是通过产权要素影响林地产权主体（如农户）的林地利用行为对林地可持续发展产生影响。农户通过经济行为与土地发生联系，农户的土地利用行为是直接影响土地可持续发展和农区环境的最大因素（李小建，2009；苗建青，2012）。吴传钧（2008）的人地关系地域系统理论提出，可持续的资源利用既取决于地，也取决于人。合法有效的林地产权为农户进行林业经营提供安全的法律保障，减少林地利用纠纷，减少林地产权交易成本；赋予农户完整的林地产权可以激励农户以可持续的方式利用和保护林地资源，提高农户对林地中长期投入的意愿和效率，以获得更高更长久的收益；林地产权的约束功能有助于减少农户乱砍滥发、过度利用等行为，约束农户的机会主义倾向，防治森林资源退化、林地质量下降；还可以通过林地产权的界定、转让和交易来对林地资源进行优化配置，提高林地利用效率。可见，通过有效的林地产权制度安排，可以协调、规范、落实林地产权主体（农户）的林地利用行为，由此实现林地资源的合理开发利用与保护，达到林地资源可持续利用的目标。

石漠化林业治理的目标是通过治理改变石漠化地区农户的林地利用方式，引导农户从以往的乱砍滥发、过度粗放开发利用、过度放牧等行为转向以保护林业生态与发展林业经济相互协调的可持续的林地利用方式。如图 2-1 所示，作为林业经营的直接主体，农户的林业石漠化治理行为直接决定了林地的可持续发展。石漠化林业治理中的农户行为具有集体行动的一致性和个体行动的外部性两种特征。一方面，石漠化林业治理是一项系统工程，需要综合采用各种治理技术和工程措施。这些技术和措施靠农户个人往往难以实现，在很大程度上依赖于国家和政府的扶持，并通过制度、政策激励或约束农户参与石漠化林业治理的集体合作。另一方面，在石漠化林业治理中，农户的林地利用行为具有明显的外部性，如农户的乱砍滥伐、过度放牧、过度开垦等会带来严重的负外部性，对整个林业生态环境等社会福利会产生非市场化影响。这时，通过合理的林地产权安排，可以诱导农户将林地资源保护和持续利用的目标与其林业生产经营的利益目标挂钩，解决两者目标之间的不相容问题，最大限度地减少农户对林业资源的短期化利用行为，消除农户个体行为对林业资源可持续发展的负外部性。

农户在林地上的经济行为是导致石漠化的重大驱动力，农户参与石漠化林业治理意味着农户要以可持续的方式利用林地。农户对林地的"可持续"投入和利用是实现石漠化林业治理和林地可持续发展的微观基础。林地产权通过影响农户的预期，进而影响农户的石漠化治理行为决策，最终表现为对林地可持续利用的"生产性努力"行为（张清泉，2017）。比如，选择适当的树种进行人工造林、对林木进行后期的管护抚育、严格实施封山育林等石漠化林业治理行为，而这些适宜的行为最终表现为林地的可持续发展。不同的产权制度安排会导致农户选择不同的行为方式（徐慧，2012），要求农户主动参与石漠化林业治理，就需要基于林地可持续利用的目标，通过产权制度创新对农户进行激励或约束。

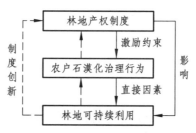

图 2-1   林地产权影响农户石漠化林业治理行为的内在逻辑

2.3.2 林地产权对农户石漠化林业治理行为的作用机理

产权通过使外部性内部化、激励约束机制、资源优化配置机制、保障机制等功能促使行为主体的行为向有利于降低成本、增加产出、提高效率以及对资源可持续利用的方向发展（陈志刚等，2006；张振环，2016；杨扬，2018）。其中，产权的激励机制通过预期收益起作用（Liu etal.,

2017），当产权安排合理、界定清晰时，产权主体的努力程度决定了产权激励的效果（Lin etal.，2020），进而决定了收益的多少。不同的产权安排对主体的行为积极性产生不同影响，同时也对其收益产生不同程度的影响。产权的约束机制来自于其排他性，排他性规定了谁拥有对某一项权利的支配资格，其他人不可侵犯，同时规定了拥有支配资格的产权主体享有和行使权利的范围。产权的资源配置机制是指由于产权可分性，产权主体有权通过把产权进行交易、流转、抵押、入股等，实现资源的优化配置。产权的保障机制则是由于经济活动环境的不确定性而产生的。在信息不完全、外部环境复杂不确定的情况下，人们对未来的预期及其经济行为的结果带有较多的不稳定性。这时，稳定合理的产权制度安排就可以作为一种良好的保障机制来消除由不确定性可能带来的不良后果（张振环，2016），而这种保障机制通常是由产权的稳定性或安全性来发挥作用的。农户参与石漠化林业治理意味着农户要以可持续的方式利用林地进行生产经营，因此，农户参与石漠化林业治理的行为被视为一种长期性的投资行为。关于土地产权对农户投资行为的影响机制，学界的普遍认识是产权通过地权安全性（安全效应）、地权交易性（实现效应）和信贷可得性（抵押效应）影响农户的生产投资行为（胡新艳等，2017；林文声，2018；罗必良等，2019）。

2.3.2.1 林地产权的安全效应

长期以来，我国集体林面临森林质量差、生产力低下的情况，主要原因是在原有的集体林产权类似于集体"共有"的产权形式下，单个农户的林地产权并不完全具有排他性，容易导致森林的过度砍伐、过度利用、投资水平低等现象发生（吉登艳，2015）。新一轮集体林权制度改革根据产权的可分解性，在保持林地所有权集体所有的前提下，把林地所有权与使用权、收益权、处置权等其他权利进行分离，并把分离出来的权利明晰到户，从法律上赋予农户更安全稳定的林地产权的同时，也对农户拥有的林地产权结构进行了优化和完善，使农户拥有更完整的林地产权结构。一方面，通过法律赋权提高了林地产权的安全性，强化了林地产权的排他性，避免了农户林地投资的未来收益遭受他人侵占或破坏的风险（林文声，2018）。这种安全的收益保障效应帮助农户建立对未来收益的稳定预期，激发农户对林地进行长期投资的积极性（胡新艳，2017）。另一方面，农户在获得完整和自由权利的情况下，通过使用林地资源获得收益的可能性增加，进而激励其林业投资行为。因此，完整的林地产权结构同样可以产生安全的收入保障效应（吉登艳，2015）。

林业的生产周长、风险较高的特点要求林地产权需要具备较高的稳定性和安全性，以赋予农户更高的稳定预期和抗风险能力，因而需要林地产权具备更高的保障功能，即对于石漠化地区而言，改良土壤、重建良好的生态环境往往需要更长时间的稳定预期，如果没有稳定安全的产权制度环境来确保长久的激励和保障，就容易导致更多的短期化行为。因此，石漠化地区的农户对于林地产权的稳定性或安全性需要更高。2012年发布的第二次石漠化监测公告提出，新一轮集体林权制度改革是石漠化向好发展的重要原因之一。林改通过把林地产权明晰确权到户、稳定产权等政策措施空前提高了石漠化地区农户保护森林、植树造林的积极性，促进了石漠化地区森林植被的稳定好转。可见，在农户拥有较为完整的土地使用权、处置权及收益权时，土地的保障功能能够诱导农户进行长期合理的投资行为，从而有利于土地的可持续利用及农业生态环境的可持续发展（张振环，2016）。在安全稳定的产权制度下，农户预期失去林地的概率更小，其利用林地的主观风险和客观风险都将得到很大程度的降低，而收益预期相应得到提高，从而激励了农户对林地的长期投资（包括对林业治理的投资）的热情以及林地保护行为或约束农户的林地利用行为（如过度砍伐、过度放牧等）。

但是，林地确权对林地产权安全性的强化作用通常受到一些特定条件的影响，如政府的征地制度允许林地被无偿或低价征用、林改过程中片面追求发证数量而非质量、林改政策落实不到位、农户对政府机构的信任不足等都有可能使林地的产权安全效应大打折扣（林文声，2018）。甚至在一些地区长期形成的村规民约等非正式制度本身已足够保障土地的安全，若林权改革制度与这些非正式制度不相容，反而有可能对林地产权的安全性产生消极作用（Holden etal.，2013）。

2.3.2.2 林地产权的实现效应

新一轮集体林权制度改革通过赋予农户更安全稳定的林地产权和更完整的林地产权结构，一方面增强了农户对林地未来的收益预期，另一方面提高了林地的经营利用价值。林地的权利主体、权利范围和内容的明确有利于建立林地流转的"秩序观念"（Liu etal.，2017b；何文剑，2021）；约束和规范林地流转主体的行为，减少了林地交易双方的信息不对称，从而大大地降低林地交易的不确定性和交易成本，在一定程度上强化了林地产权的交易性，增大了农户当前的林地投资在未来变现的可能（胡新艳，2017；林文声，2018）；林地产权的这种"实现效益"提高了农户通过加大当前投资以在未来获得更高的投资价值或收益补偿的信心，从而促进了农户当前的林地投资。通过林地确权不但活跃了林地交易市场，而且有利于农户通过林地流转等实现林地资源的有效配置，扩大林业经营规模，从而进一步促进林地投资（陈江龙等，2013）。

2.3.2.3 林地产权的抵押效应

新一轮集体林权制度改革通过赋予农户更加安全稳定以及更完整的林地产权，提高了林地作为有效抵押担保品的价值，进而增加了农户获得金融机构贷款的机会，即农户的信贷可得性得到提高（Liu etal.，2017；林文声，2018；Xu & Hyde，2019）。一方面，通过确权颁证等措施对山林的地理位置、林种、林地大小以及林地权属等林地基本信息加以明确，相当于对农户的信用信息进行"标准化"处理（何文剑，2021），方便金融机构有效识别农户的信贷需求以及还款能力等信息（Deininger etal.，

2011），进而减少金融机构开展林权抵押贷款业务的风险（范刘珊等，2021）；另一方面，林地产权安全性的提高以及林地产权结构的进一步完善降低了林地流转的交易成本，也使得金融机构在面临违约行为时处置成本大大降低（Hong et al.，2018），从而提高金融机构开展林权抵押贷款的意愿和农户的信贷可得性。在理论上，林地产权的抵押、担保功能有利于帮助农户在面临林地经营自有资金不足的约束时，通过林地抵押的方式获得金融机构的贷款，保证和促进了其在林地上的投资（Newman et al.，2015；林文声，2018）。但也有一些学者认为，林地确权并不一定能帮助农户更容易获取金融机构的贷款（张英等，2012；朱文清等，2019）。

2.3.3 理论分析框架

从目标导向来看，本研究的落脚点是构建、完善农户参与石漠化林业治理的激励机制，实现农户的有效参与。由于本研究是基于新一轮集体林权制度改革和石漠化综合治理的两大公共政策背景，而公共政策实施的效果如何，最直接的判断标准是这项政策能否积极地影响和干预农户的生产和生活行为（吴仲斌，2005；任洋，2018）。因此，从农户经济行为响应的视角可以检验政策实施的有效性。任何一项经济行为都受到参与主体自身因素以及外部因素的双重约束，本研究认为，农户石漠化林业治理行为决策既受到新一轮林权制度改革之下的林地产权要素的影响，也受到石漠化综合治理政策实施的约束，同时受到农户自身特征、林地特征、村庄特征等其他因素的影响。因此，本研究以农户石漠化林业治理的参与行为为着力点，以农户参与石漠化林业治理的激励机制为落脚点，剖析不同制约因素对农户参与石漠化林业治理行为的影响，重点考察林地产权对农户石漠化林业治理行为的影响，以期指导完善农户参与石漠化林业治理的激励机制，为确保石漠化林业治理长效性及促进林地可持续利用提供政策参考。本研究的理论分析框架如图2-2所示。

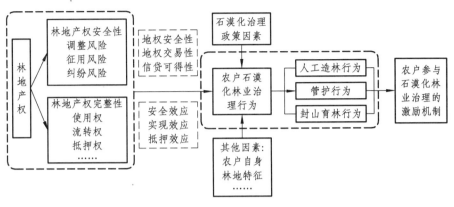

图 2-2　理论框架

从前面的概念界定中可知，在石漠化林业治理中，与农户最为密切相关的是政府为同时实现生态效益和经济效益而实施的一些适合石漠化林地的特色经果林种植和管护项目，以及为保护生态公益林而实施的封山育林项目。因此，本研究把农户参与石漠化林业治理的行为界定为农户参与"造""管""封"等三个方面的行为，即选择适合石漠化地区的经济林树种进行人工造林（以下简称人工造林）、对林木进行持续的管护（以下简称林木管护）以及参与公益林的封山育林。这三种行为反映了石漠化林业治理实施的不同环节（前期造林与后期成果管护）以及不同林种类型（经济林与公益林）的治理。在本研究的调研区域，主要以发展核桃产业来达到石漠化治理与增加农民收入的目的。因此，本研究主要以农户参与核桃经济林造林和管护为例来研究农户的石漠化林业治理人工造林与林木管护行为，并以生态公益林的管护为例研究农户参与封山育林的行为。

如前所述，林地产权通过安全保障效应（地权安全性）、实现效益（地权交易性）、抵押效应（信贷可得性）等影响农户的石漠化林业治理行为决策，进而影响林地的可持续利用。林地产权是集体林权制度改革的核心，林改后的林地产权变化是影响农户林业利用行为的重要因素，也是检验林权改革效果的重要指标。森林资源在地理位置、物质资产以及物种资源、景观资源、生态环境资源等方面具有较强的资产专用性,其运营面临更高的交易成本和更复杂的治理结构;同时,森林资源经营周期长、回报慢等特点使得森林经营面临较高的自然风险和市场风险,因此要求林地产权安排必须具备一定的完整性和安全稳定性(张建龙,2018)。安全稳定的林地产权以及完整的林地产权结构有助于建立农户林地利用和保护的激励机制。因此,本研究的着重点在于从林地产权安全性和林地产权完整性这两个方面来研究新一轮集体林权制度改革后林地产权变化对农户参与石漠化林业治理行为决策的影响。

从林地产权安全性来看,在实践中,由于集体林权政策变动较为频繁,产权主体结构较为复杂,不同主体之间权、责、利关系不清晰。集体林权制度的频繁调整变动、政府出于公共利益以及生态保护等原因对集体林地的权利加以限制,常常导致农户对林地产权缺乏安全感,农户的营林热情在一定程度上受到抑制。此外,集体林权制度改革政策在各地实施的情况也不尽相同,不同区域的农户所面临及感知到的林地产权安全有所差异。基于这样的考虑,本研究重点关注农户认知层面的林地产权安全,以农户对未来失去林地的风险预期来判断林地产权是否安全。有学者指出,林地产权的不安全主要来源于两个方面:一是国家层面,因经济发展、城市化建设或生态保护等引发的林地低价或无偿征用行为,以及法律制度不完善、政策执行不到位等问题(吉登艳,2015);二是村集体层面,因人口变化或借其他各种理由对林地进行频繁调整(戴广翠,2002;Yi,2011)。因此,现有文献多用"农户对林地未来被调整的风险预期"以及"农户对林地未来被征用的风险预期"这两个方面来定义和衡量农户的林地产权安全感知(吉登艳,2015)。但本研究认为,农户卷入私人层面的林权纠纷也是林地产权不安全的重要来源。林权纠纷主要产生于新一轮林改期间,其中农户与农户之间的林地界线纠纷出现频率较高(董加云、刘伟平等,2017),而林权纠纷已成为当前集体林权制度改革最棘手的问题（温亚平等，2021）。一方面，历史上林业"三定"、荒山拍卖、谁造谁有等政策实施过程中引发的一些纠纷延续至新一轮林改时期；另一方面，新一轮林改要进行主体改革，打破原有的多元化林地产权主体的利益分配格局，势必带来新的纠纷（董加云、刘伟平等，2017）。在本研究的调研区域，林改期间就曾发生过大面积林权证错发的情况，最后只能将已经发放的林权证收回作废，重新发证，导致当地林权制度改革进展缓慢。基于林权纠纷长期性、复杂性和反复性的特点（朱冬亮、程玥，2009；卫望玺、谢屹等，2016），其存在可能会弱化农户对林地产权安全性的认知，从而影响农户的林地利用行为决策。因此，本研究认为，农户的林地产权安全认知应包括农户对林地未来被调整的风险预期、农户对林地未来被征用的风险预期以及农户对林地未来发生林权纠纷的风险预期等三个方面。

从林地产权完整性来看，张红宵（2015）认为林改让农户拥有了由使用权、处置权和收益权构成的产权结构，其中林地使用权是指农户在依法承包占有集体林地资源的基础上对林地（林木）等加以利用的权利，具体主要包括林地拥有权、林种选择权和林木采伐权等。林地处置权是指农户除了自己使用林地资源获益外，还有对林地资源进行流转、抵押、合作等处置权利。林地收益权是指农户有权通过自己经营林地或对林地（林木）资源进行流转、抵押、合作获得收益。在这三者中，林地收益权是不能单独存在的，一方面要以林地使用权和林地处置权的实现为前提，另一方面依赖于市场价格和经营成本，因此具有不确定性（张建龙，2018）；而处置权是集体林权制度改革的关键（吕月良等，2005）。基于这种考量，学界普遍认为新一轮集体林权制度改革后林地的使用权、流转权、抵押权是目前影响农户进行林业经营和保护最重要的权利要素（孙妍，2008；吉登艳，2015；杨扬，2018；任洋，2018），这也是本研究以林地使用权、流转权和抵押权来衡量林地产权完整性的原因。

2.4　本章小结

本章首先界定了本研究的核心概念，包括林地、林地产权、林地产权安全性、林地产权完整性、石漠化与石漠化综合治理、石漠化林业治理等；然后介绍并分析了产权经济学理论、农户行为理论以及可持续林业发展理论等相关理论基础及其在本研究中的应用；在核心概念界定和相关理论分析的基础上，剖析了林地产权对农户参与石漠化林业治理行为的作用机理，构建了林地产权与农户石漠化林业治理行为研究的理论分析框架，为后续研究奠定理论基础。

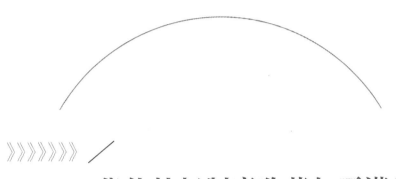

3 集体林权制度改革与石漠化综合治理的历史追溯及现实考察

本章系统梳理新中国成立以来三个主要历史阶段集体林权制度改革的历程，从历史角度呈现集体林权制度改革存在的问题。同时，对 2008 年以来我国石漠化综合治理工程实施的背景、过程进行了梳理，对当前石漠化综合治理存在的问题进行追本溯源。

3.1 集体林权制度改革的历史追溯与现实考察

3.1.1 集体林权制度改革历程与林地产权特征变化

自新中国成立以来，围绕着山林权属"分与统""放与收"的问题，我国集体林权制度经历了多次调整和改革，学术界根据其改革历史，分别形成了不同的阶段学说（罗必良，2013，杨扬，2018）。本研究参照杨扬（2018）的做法，以改革开放及 2003 年新一轮集体林权制度改革为重要时间节点，将集体林权制度的历史沿革大致分为三个阶段，分别为改革开放前的集体林权改革阶段（1949—1978 年）、改革开放后的林业"三定"和市场化改革阶段（1978—2003 年）以及 2003 年以后的集体林权深化改革阶段。

3.1.1.1 改革开放前的集体林权改革

改革开放前的集体林权改革历程可具体划分为土地改革（1949—1953 年）、合作化（1953—1958 年）和人民公社（1958—1978 年）等三个不同时期。

（1）土地改革时期（1949—1953 年）。

土地改革的主要目标是废除封建土地所有制，没收官僚和地主的土地和山林分给农民，取而代之建立农民土地所有制（刘璨等，2007；刘小强，2010）。土地改革范围包括林地在内的几乎所有土地类型。按照"分林到户"的办法，这时候的林地产权特征是农民完整地享有林地和林木的所有权、使用权、收益权以及处置权，在很大程度上激发了农民的积极性。但在当时中国农村生产力严重落后的背景下，农民的林业生产受限于生产资料、资金以及生产工具的严重短缺，分散落后的小农经营模式也限制了林业的整体发展。

（2）合作化时期（1953—1958年）。

1953年2月，中央政府颁布了《关于农业生产互助合作的决议》，推开了农业合作化的序幕；同年12月，随着《关于发展农业生产合作社的决议》的通过，农业合作社如雨后春笋在农村不断涌现，林业合作社也应运而生。林业合作社具体运作是农民以林地折价的方式加入合作社，这时候的林地产权特征是保留了农民的林地所有权，而把林地经营权划归合作社，农民以分红的形式获得部分收益权。入社期间，林地不能随意出租或出卖，林木则由国家统一管理采伐，因此农户的林地和林木处置权受到了很大约束。这个阶段由于农户享有自愿进出合作社的自由，合作社对林地的统一规划经营也弥补了土地改革时期的家庭分散经营的不足，既提高了生产效率，也有利于提高林业生产风险的抵御能力。正因为如此，合作社发展快速跨越了初级合作社进入高级合作社阶段，土地制度随之迎来重大改变，即废除土地私有制，转变为林地集体所有制，即林地所有权、使用权、收益权和处置权"四权一统，归集体所有"（张建龙，2018），并由集体统一经营。合作社的快速跃进在一定程度上伤害了农民个体的生产积极性。

（3）人民公社时期（1958—1978年）。

高级合作社大发展之后，在全国农村范围内迅速展开了人民公社化运动。土地权属发生了根本变化，农民所有的土地、山林、生产资料全部无偿充公，由国家进行高度统一管理，林地产权特征表现为高度集中的公有产权。在此期间，为缓解人民公社大跃进所带来的不利影响，林地产权归属又分别经历了由生产队、合作社到人民公社，再由人民公社到合作社、生产队的频繁变动（杨扬，2018）。这种制度安排忽视了农民的个人利益，严重挫伤了农民的生产积极性。而产权的频繁变动使农民无法对政策形成稳定的预期，缺乏稳定的激励机制，这对生产周期长的林业生产而言十分不利，最终造成了很多"搭便车"的现象（罗必良，2013）。

3.1.1.2 改革开放后的林业"三定"和市场化改革时期

林业"三定"时期（1978—1992 年）。1978 年伊始，家庭联产承包责任制在农地领域成功尝试和广泛推广，极大地调动了广大农民的生产积极性和生产效率。1981 年 3 月，《关于保护森林发展林业若干问题的决定》发布，借鉴农业家庭经营的经验，提出了"稳定山权林权、划定自留山、确定林业生产责任制"的林业"三定"政策。这一阶段，形成了农户拥有自留山、责任山的使用经营权，而集体拥有林地所有权的产权形式、共有产权向私有产权的转变，在一定程度上提高了资源配置的效率。然而，由于相应的森林资源配套管理措施不完善，林业"三定"政策对自留山和责任山的产权界定不同，且根据距离远近、质量高低搭配均分得到的山林细碎、质量参差不齐，再加上林业生产周期长的资源特性等原因，农民的林地经营热情并没有被激发出来，反而导致大规模的乱砍滥发，严重破坏森林资源环境。为了防止乱砍滥发的短期破坏行为，1987 年，中央颁发《关于加强南方集体林区森林资源管理，坚决制止乱砍滥发的指示》，正式叫停了分林到户工作，有些地方甚至收回了已经分配到户的责任山，这直接影响了农户林业收益的实现程度。林业"三定"改革的失败在很大程度上仍然是由产权制度不明晰而导致农民无法形成稳定预期引起的。

市场化改革阶段（1992—2003 年）。林业"三定"政策之后我国尝试进行了林权市场化改革，集体林权呈现多样化的改革形式，出现了集体与农户以外的多元化主体，也出现了承包、租赁、拍卖、股份合作等多种形式的集体林地使用权流转方式。这一时期的林权延续了林地所有权和林地使用权分离的形式，但与林业"三定"时期相比，这一阶段的产权主体更加多元化，产权界定也更为细化（徐秀英，2004）。但由于林权市场化的运行机制并不健全，实践中仍然存在很多不规范的问题，集体林的产权界定仍有待进一步明晰和细化。

3.1.1.3 2003 年以后的集体林权深化改革阶段

长期以来，我国集体林存在林地使用范围不清、产权主体不明确等问题，不能给农户带来稳定的预期，从而导致诸如快砍快卖、多砍多卖、乱砍滥伐等严重影响森林发展的短期行为。森林资源经营周期长、见效慢、风险大，植树造林等林业活动的收益存在跨期性，因此需要通过产权保障确保未来收益能够实现转化，从而保护好林业经营者的积极性。为解决这些问题，我国于 2003 年开始实施了新一轮集体林权制度改革，旨在通过明晰产权，赋予农户更安全、更充分的林地权利，激励农户的林地经营和保护热情，逐步实现林业资源增长、生态良好、农民增收的目标（张建龙，2018）。

2003 年 6 月中共中央、国务院下发了《关于加快林业发展的决定》，正式拉开了以"明晰所有权、放活经营权、落实处置权、确保收益权"为主要内容的新一轮集体林权制度改革的帷幕。改革采取先试点再全面推进的方式，福建、江西、浙江、辽宁等省率先开展试点并取得了成功的经验。而 2008 年，《关于全面推进集体林权制度改革的意见》出台，标志着集体林权制度改革进入全面推开和深化改革阶段。2009 年围绕集体林权制度改革的各项配套改革也提上日程。

为了确定农户作为林业经营主体的核心地位，新一轮集体林权制度改革提出了一系列改革措施，主要包括：一是明晰产权，即以集体林地所有权不变为前提，采取"宜分则分，均山到户；宜股则股，股权到户"的方式（张建龙，2018），明晰农户的林地使用权和林木所有权；在此基础上通过对林地实施实地勘界后进行统一规范登记，并发放具有法律效力的林权证书，规定林地的承包期最长可达 70 年，合同到期后可依法继续承包。二是放活经营权，赋予农户更多的林业生产经营自主权，如可自由决定经营方向等。三是落实处置权，即在保证林地集体所有且不改变林地用途的情况下，鼓励农户依法、自愿、有偿、规范地流转对其承包的林地和林木。四是保障农户通过林地经营、流转、征地、生态补偿等方式获得的收益。在主体改革之外，新一轮集体林权制度改革还提出了一系列配套改革措施，涉及林木采伐、林地/林木流转、投融资以及林业社会化服务等范畴（刘浩等，2016）。

2012 年年底，新一轮集体林权制度改革的主体改革基本完成。为进一步深化改革，各项配套措施还在不断完善和推进之中。针对集体林权制度改革中存在的产权保护不严格、生产经营自主权落实不到位、规模经营支持政策不完善、管理服务体系不健全等问题（国务院办公厅，2016），为了进一步巩固新一轮集体林权制度改革的成果，继续深化改革，2016 年，国务院办公厅颁发了《国务院办公厅关于完善集体林权制度的意见》，提出要"建立健全集体林业良性发展机制""落实集体所有权，稳定农户承包权，放活林地经营权""实现集体林区森林资源持续增长、农民林业收入显著增加、国家生态安全得到保障的目标"（国务院办公厅，2016）。2018 年，国家林业和草原局启动了新一轮集体林业综合改革试验工作，提出要用三年左右完成建立集体林地"三权分置"运行机制、完善林权流转管理制度、创新林权抵质押贷款及林权收储担保融资方式、完善集体林权保护制度、培育新型林业经营主体、完善林业社会化服务体系、创新森林经营管理制度、创新小农户和现代林业发展有机衔接机制、深化集体林权股权化、社会资本投入林业模式改革，以及推动第一、第二、第三产业融合，创新集体林业发展模式等十项改革试验任务。[①]

3.1.2 集体林权制度改革的成效

新一轮林改取得重大成果，对农户的造林热情和造林投入、森林资

[①] 来源于国家林业和草原局政府网，http://www.forestry.gov.cn/main/195/content-1094552.html。

源发展、生态改善以及农户收入增长等方面均有显著的促进作用（徐晋涛，2008；陈永富等，2011；张英等，2012；孔凡斌，2008；杨扬，2018），实现了"山定权、树定根、人定心"。

在主体改革方面，经过多年的努力，以明晰产权、承包到户的主体改革任务在全国范围内全面完成，并取得明显效果。大规模集中统一的确权发证赋予农户等林业经营主体长期有保障的林地生产经营权，加强了对农户林地权益的保护。产权的落实提高了林地的价值，极大地激发了农户造林、护林和营林的积极性，林业经营成为农户生产活动的重要组成部分，农户林业收入显著增加，集体林森林资源呈现持续增长的态势，林下经济、森林生态旅游、林业产业等显示出巨大的投资开发潜力，集体林业正在逐步形成良性发展的机制，国家生态安全得到进一步保障。近几年，各个省区为了巩固主体改革的成果，相继开展了林改"回头看"工作，积极开展自查自纠，进一步提高了林地确权发证的质量，大大提升了农户对林权改革的满意度。

在主体改革的同时，相关配套改革也在稳步推进和不断完善中。公益林管理得到进一步加强，逐渐建立起比较全面的生态补偿政策体系，生态补偿金的管理和发放逐渐规范，在农户承包的林地中，被划为生态公益林进行管护的比例越来越高。为了解决林改所导致林地细碎化难以形成规模化经营、小农户分散经营抗风险能力差、资金短缺等问题，各地在推动林权流转、发展林权抵押贷款、促进林业规模化经营、推进森林保险覆盖等方面做了许多积极探索，林权流转管理服务日益健全，林权流转平台建设及服务水平有了一定程度的提高，林业合作组织逐步发展壮大，为实现林业规模化经营创造了良好的基础。为了增加农户收入，实现兴林富民的目标，各地积极探索发展林下经济以及林业产业化发展，林果、林药、林禽、林旅等模式发展效果初现。与此同时，与林权相关的管理法规及政策保障体系逐步建立健全，为解决林权纠纷、维护农户及其他林业经营主体的合法权益提供了重要保障。

3.1.3 集体林权制度改革存在的问题

3.1.3.1 主体改革存在的问题

集体林权主体改革中存在的问题首先体现在确权发证方面,尽管全国范围内的确权发证工作已全面完成,但确权质量不高,各地普遍存在漏证、错证、一地多证、四至不清、证地不符等遗留问题,一些地方林权证长期搁置无法发放,甚至有些地方在发了证之后又收回来,也由此产生了很多新的林权纠纷。以广西为例,林权证的发放比例仅为 50%,低的甚至只有 30%多,距离国家确定的改革目标有相当大的距离(朱文清,2019)。这些问题的产生,一方面可能源于长期的历史遗留问题,另一方面可能是新一轮集体林权制度改革在执行过程中政策设计不足、过于仓促等,同时,也有可能有农户对于集体林权制度改革的认知及其对林地林木的权属认知与理解存在偏差等方面的原因。为解决这些问题,各地陆续开展了"林改回头看"的集中整改。例如,四川出台了《四川省林地产权制度改革"回头看"操作细则》;2018 年广西下发了《关于开展集体林地林权证发放查缺补漏纠错工作的通知》,要求各级政府成立专门工作机构进行查缺补漏纠错工作,在 5 年之内达到发证率 85%的目标(朱文清等,2018),但离全部确权发证的目标仍有一定的距离。尤其是在当前政府启动不动产登记的情况下,林权证要逐渐向不动产证过渡,但一些地区在停止发放林权证后又没能及时启动不动产证的办理,以致不动产登记与林权证发放管理不能有效衔接,导致农户手中无证的现象,不利于农户的林地产权保护以及稳定农户对林地经营的预期,从而可能影响林地资源的可持续经营管理。

主体改革中存在的另一个重要问题是,作为林地最重要的经营主体,农户的营林积极性没有完全激发出来,林业生产能力仍然非常有限,农户对林地资源的保护及可持续利用意识仍然比较薄弱。有研究认为,林业一次性投资大、生产周期长、资金回收慢等特点导致农户营林热情不高，不愿投资林业，而自有资金不足则直接制约了农户对林业的投资能力（刘璨等，2017）。

3.1.3.2 配套改革存在的问题

第一，对公益林仍缺乏科学有效的管理机制。公益林的划定存在行政指令性强、退出机制缺乏等问题；公益林生态补偿标准偏低，远低于商品林的收益水平；生态补偿金来源渠道单一，部分地区的公益林生态补偿金还存在简单地按人或按户平均分配的情况，甚至出现截留挪用、不能足额下达的现象，严重影响了生态补偿政策的有效发挥。

第二，林地流转进展缓慢。一方面，农户对林地流转的利益缺少稳定预期，对林地流转政策认识不足等导致农户林地流转的主观意愿不足，林地流转的频率较低且呈现明显的地区差异（刘璨等，2017）；另一方面，目前林权管理及林权交易服务平台的建设仍存在很大不足，缺乏专业的林权交易评估机构和评估人员，导致很多林权流转没有通过正规的林权流转交易机构进行，而是通过农户与农户、农户与企业之间私下交易或口头交易进行，造成农户的林权收益得不到有效保障，并且有可能形成新的林权纠纷。

第三，林下经济发展缓慢，林业产业化、规模化发展水平有待提升。发展林下经济对于提高林业综合效益、提高农户收入、改善林地生态环境有重要的意义，但目前林下经济开发水平仍比较低，主要原因是缺乏足够的政策支持和农户切身感受到的利益驱动（刘璨等，2017），资金缺乏、技术支持不足、林地立地条件等客观条件制约了林下经济的发展。此外，林业产业化、规模化发展水平不高，林业生产潜力仍没有充分挖掘，主要原因在于第二、第三产业的发展较为滞后，能够带动林业产业发展的龙头企业较少，家庭林场、林业专业合作社等新型林业经营主体的规模普遍偏小，示范带动能力不足，农户参与积极性不高。一些地方将林业产业发展与生态保护对立起来，缺乏林业产业生态化和生态建设产业化的理念（朱文清等，2018）。

第四，林业金融改革、森林保险改革等有待深化。在林业金融改革方面，目前金融部门对林业的优惠政策和扶持力度主要针对有一定规模实力的林业企业或大户，农户对金融机构信贷政策的了解很有限，在获取林权抵押贷款等信贷支持方面更是面临额度低、利率偏高、贷款期限偏短、手续烦琐等诸多门槛。在森林保险改革方面，目前农户对森林保险的重要性认识不足，参保的意愿较低，其原因一方面是目前林业经营效益不高（刘璨等，2017），另一方面是森林保险的险种结构欠佳，且在实际发生理赔时赔付较为困难，赔付率较低（朱文清等，2018）。

3.2 石漠化综合治理实施的历史追溯与现实考察

石漠化综合治理是西部大开发中一项重要的基础性工程，既是生态工程，也是重要的民生工程，其总体目标是控制住人为因素可能产生的新的石漠化现象，生态恶化的态势得到根本改变，土地利用结构和农业生产结构不断优化，草食畜牧业和特色产业得到发展，人民生活水平持续稳步提高，农村经济逐渐步入稳定协调可持续发展的轨道（庞娟等，2019）。石漠化发展的特点决定了石漠化综合治理是一个长期性的艰难问题。

3.2.1 石漠化综合治理的实施背景及历史过程

石漠化是指在热带、亚热带湿润、半湿润气候条件和岩溶极其发育的自然背景下，受人为活动干扰，地表植被遭受破坏，土壤侵蚀程度严重，基岩大面积裸露，土地退化的表现形式（国家发展与改革委员会，2008）。岩溶地区石漠化是我国三大生态难题之一，严重制约了岩溶地区的可持续发展。由于国际上岩溶地区人烟稀少，人为破坏力不大，石漠化治理大多采取自然恢复的形式。但由于我国岩溶地区人口密度大，远超岩溶地区的生态环境承载力，突出的人地矛盾导致人们为了生存不惜毁林开荒、刀耕火种，对本就脆弱的岩溶地貌产生了极大影响，主要表现为耕地减少、土地质量下降、水源枯竭，生态环境退化、旱涝灾害频发，影响农林牧渔业的发展，严重制约了石漠化地区社会经济持续、快速、健康发展（庞娟等，2019）。我国岩溶石漠化片区位于珠江的源头，而且是长江的重要水源补给区，对珠江、长江下游的生态安全十分重要（国家林业局，2012）。且由于岩溶石漠化片区大多集人地矛盾突出，"三农"问题十分突出，已经成为我国实现乡村振兴的短板。因此，石漠化的治理受到国家与社会各界的高度重视和关注（庞娟等，2019），逐渐被提升到国家战略目标的高度。

早在20世纪七八十年代，贵州、广西等一些石漠化严重的地区就开始了石漠化的整治工作，整治工作主要为以"点"为主的典型治理，贵州毕节试验区等典型的成功治理案例证明石漠化是可防可治的，但由于早期对石漠化的认识有限，加上技术条件限制等，石漠化治理的总体效果并不显著。1994年，中国科学院地学部曾向国务院提出《关于西南岩溶石山地区持续发展与科技脱贫咨询建议的报告》，提出了岩溶石山地区"要处理好粮食、生态、人口和经济发展之间的关系"（中国科学院学部，2003），并于2003年再次向国务院呈送了《关于推进西南岩溶地区石漠化综合治理的若干建议》，建议设立西南岩溶区国家石漠化综合治理专项，西南地区尤其是滇桂黔地区的石漠化问题开始受到各级政府以及科研机构的广泛关注和重视（苗建青，2011）。在"十五"计划中，国务院提出把"推进滇桂黔岩溶地区石漠化综合治理"列入国家目标。2004年11月，国家发改委出台了《关于进一步做好西南石山地区石漠化综合治理工作指导意见》，进一步对西南石漠化综合治理与区域经济发展和农民脱贫增收等问题做了重要指示，此后的历届政府工作报告都将石漠化综合治理列为重点工程。2007年，国家发展与改革委员会编制了《岩溶地区石漠化综合治理规划大纲（2006—2015）》。2008年，国务院批复了该大纲，启动了石漠化综合治理一期工程，意味着石漠化综合治理作为一项独立的系统工程，采取专项资金，并改变以往石漠化治理中条块分割、缺乏沟通协调、治理措施单一等不足，按照综合治理的思路全面展开(庞娟等，2019)。经过多年的综合治理，取得了阶段性的治理成果。在石漠化综合治理工程实施期间，习近平、李克强等国家领导人曾先后就石漠化治理做出多次重要批示，提出要"采取科学有效的措施，加大防治力度""巩固石漠化综合治理成果，扩大防治覆盖面"等。石漠化治理是一项艰巨长期的工程，在2015年一期工程结束后，政府部门会同有关专家学者就继续推进石漠化综合治理二期工程的重要性、必要性和可行性以及总体思路等进行了深入探讨，认为石漠化区域的生态环境脆弱性还没有根本改变，生态系统极不稳定，人为因素、自然灾害等诱发石漠化发生的因素依然存在(白建华等，2015)，极有可能出现新的石漠化现象。同时，随着石漠化综合治理进入后期管护阶段，管护经费缺乏、管护力度不够等问题逐渐暴露，对巩固前期石漠化治理成果构成威胁，治理好的土地仍然存在退化为石漠化的可能(白建华等，2015)。因此，继续推进石漠化综合治理既有现实需求，又有重大的理论意义。在2016年1月举行的推动长江经济带发展座谈会上，习近平总书记明确指出"要实施好岩溶地区石漠化治理工程"。为此，国家有关部门出台了《岩溶地区石漠化综合治理工程"十三五"建设规划》，为继续实施岩溶地区石漠化综合治理工程提供了行动指南。

3.2.2 石漠化综合治理的实施概况及实施效果

3.2.2.1 石漠化综合治理的实施概况

2008年以来推行的石漠化综合治理工程范围涉及我国贵州、广西、云南、湖南、湖北、四川、重庆、广东等8省(区、市)451个县(市、区)(以下简称为县)。石漠化综合治理工程以县域为单位，采取点面结合、以点带面的方式，于2008至2010年先期在前述8个省(区、市)100个县启动石漠化综合治理工程试点，探索石漠化综合治理模式与防治途径，此后，逐年扩大治理范围(如表3-1所示)。

表 3-1 石漠化综合治理一期工程实施情况表（2008—2015）

治理情况	2008—2010	2011	2012	2013	2014	2015	合计
累计治理县/个	100	200	300	312	314	316	316
中央预算资金/亿	22	16	18	21	22	20	119
治理面积/万 km²	0.42	0.47	0.37	0.39	0.38	0.2	2.23

注：表中数据根据但新球等（2015）整理。

表3-2展示了岩溶区8个省（区、市）在石漠化综合治理一期工程的任务累计完成情况，从2008年石漠化综合治理工程开始实施，到2015年年底石漠化综合治理一期工程结束，纳入石漠化综合治理的8省（区、市）316个工程治理县已整合投入中央预算内专项资金119亿元，整合其他来源资金1300多亿，共治理岩溶土地面积6.6万km²，完成石漠化治理面积2.23万km²。

表 3-2 分地区石漠化综合治理一期工程任务累计完成情况表

治理情况	贵州	云南	广西	湖南	湖北	四川	重庆	广东	总计
治理县个数/个	78	65	77	32	28	16	16	4	316
治理岩溶面积/万 km²	2.21	1.18	1.38	0.56	0.50	0.32	0.33	0.11	6.60
治理石漠化面积/万 km²	0.72	0.66	0.32	0.11	0.19	0.09	0.11	0.06	2.23

注：表中数据根据吴协保（2016）整理。

从治理内容上看，石漠化综合治理是一项非常复杂的系统工程，主要包括林草植被保护和建设、草食畜牧业发展、基本农田建设、农村能源建设、易地扶贫搬迁、合理开发利用资源以及科技支撑体系建设等多方面的内容（国家发展和改革委员会，2008）。其中，林草植被恢复是石漠化综合治理的核心，主要采取封山育林、人工造林的方式。围绕植被恢复的根本目标，各地因地制宜地采取了一系列可行的治理措施，形成了多种治理模式，如贵州花江峡谷的"猪—沼—椒（经果林）"模式、贵州晴隆县的"晴隆模式"、广西平果县的"果化模式"、广西环江县的"古周模式"等（陈洪松等，2018）。这些治理模式大都在注重治理石漠化的同时，因地制宜地发展特色产业，调整当地农业产业结构，帮助农民提高收入，解决生存和发展问题。

3.2.2.2 石漠化综合治理的实施效果

岩溶地区石漠化综合治理的实施使得石漠化地区的林草植被面积大大增加，森林覆盖度得到有效提升，在减少了水土流失的同时，遏制了石漠化土地恶化的趋势，极大地改善了岩溶地区的生态环境，促进了石漠化地区的可持续发展（吴协保，2016；臧亚君，2018）。

出于全面掌握石漠化发展现状及动态变化的需要，国家林草局分别于 2005 年、2011 年、2016 年先后组织开展了三次石漠化监测工作，三次石漠化监测的时间点恰与石漠化综合治理工程实施的时间关键节点基本一致，因此，石漠化综合治理的效果可以从三次石漠化监测的结果变化中（见表 3-3）看出：

表 3-3 岩溶地区三次石漠化监测结果对比

监测年份	石漠化土地面积/万公顷	占岩溶土地面积之比	占岩溶区域国土面积比率	年均缩减率	潜在石漠化①土地面积/万公顷	占岩溶土地面积	石漠化发生率	植被综合覆盖度
2005	1296	28.8%	12.29%	—	—	—	28.7%	53.5%
2011	1200	26.5%	11.2%	1.27%	1331.8	29.4%	26.5%	57.5%
2016	1007	22.3%	9.4%	3.45%	1466.9	32.4%	22.3%	61.4%

数据来源：根据国家林草局 2006、2012、2018 年发布的石漠化监测公告整理。—表示缺少该年数据。

---

① 潜在石漠化是指基岩为碳酸盐岩类，岩石裸露度（或砾石含量）在 30% 以上，土壤侵蚀不明显，植被覆盖较好（森林为主的乔灌盖达到 50% 以上，草本为主的植被综合盖度 70% 以上）或已梯土化，但如遇不合理的人为活动干扰，极有可能演变为石漠化土地。

由表3-3可知，经过实施石漠化综合治理工程，西南岩溶地区石漠化现象得到有效控制，表现为：一是石漠化土地面积持续减少，2011年监测到的石漠化土地面积相比2005年减少了96万公顷，年均缩减率为1.27%，改变了以往石漠化土地每年递增的态势。[①]而随着2011年以后国家对石漠化综合治理力度的进一步加大，石漠化土地在2011—2016年减少了约193万公顷，年均缩减率为3.45%（国家林草局，2018）。二是石漠化程度呈现逐步减轻的趋势，2016年监测到的轻度、中度和重度石漠化的土地比重分别为38.8%、43.0%和16.5%，对比2011年监测到的轻度、中度和重度石漠化土地比重（分别为36%、43.1、20.9%）以及2005年监测到的轻度、中度和重度石漠化土地比重（分别为27.5%、45.6%和26.9%）可以发现，石漠化程度减轻明显，中度及重度石漠化土地大量减少。三是石漠化发生率下降明显，从2005年的28.7%下降到2011年的26.5%，再到2016年的22.3%，尤其在2011—2016年石漠化发生率下降了4.2个百分点。四是林草植被覆盖率明显增加，岩溶地区植被综合覆盖率从2005年的53.5%增加到2016年的61.4%，同时植被结构得到相应改善，逐渐由灌木型向乔木型演变，乔木型植被面积增加，植被稳定性逐渐升高，说明生态系统稳步好转，植被保水保土功能增加，水土流失显著减少。

除此以外，石漠化综合治理坚持"治石与治贫"相结合，石漠化治理的经济效应也非常显著，根据第三次石漠化监测报告，2015年岩溶石漠化地区生产总值与农村居民纯收入相比2011年分别增长6.3%和79.9%，均大幅度高于同期全国水平，区域贫困人口大幅度减少，贫困发生率从2011年的21.1%下降到2015年的7.7%（国家林草局，2018）。

---

① 据专家研究，20 世纪 90 年代，石漠化土地面积年均增加 1.86%；"十五"时期，石漠化土地面积年均增加 1.37%。

3.2.2.3 林业治理在石漠化综合治理中的贡献

石漠化综合治理以林草植被保护与建设为主体，辅以发展草食畜牧业、水土资源开发利用、基本农田建设、农村能源建设、易地扶贫搬迁等措施（熊康宁，2009）。林业治理工程被认为是目前可采取的治理石漠化最为有效的措施和手段。根据第二、三次石漠化监测结果，人工造林种草、林草植被保护等林业治理工程对石漠化逆转的贡献率分别达到72%和65.5%（陈洪松等，2018；耿国彪，2018）。国家通过相继出台天然林保护、生态公益林补偿、集体林权制度改革等林业政策，增加了对石漠化地区林草植被保护的投入。地方政府大力推进人工造林、管护、封山育林等林业治理措施，抑制了不合理的人为活动，调动了广大群众造林、管护、保护林草植被的积极性，提高了森林植被覆盖度，促进了岩溶地区的林草植被恢复和生态环境改善。另外，各地在石漠化治理中因地制宜，通过科学选择适宜树种发展兼具生态效益和经济效益的经济林果产业，提高了农户的收入水平。

3.2.3 石漠化综合治理面临的问题与挑战

石漠化综合治理经过多年的实施取得了很大的成效，但也面临不少问题和挑战，主要表现在以下方面。

第一，石漠化地区生态系统的脆弱性没有根本改变。西南岩溶区碳酸盐岩易腐蚀、成土慢、易流失的特点造成了石漠化地区"缺土少水"的典型生态特征，生态系统的脆弱性在短时间之内不可能根本改变。一些地区尽管在经过初步治理后恢复了植被，但由于岩溶土地土层较薄，保水保肥能力差，刚刚恢复的植被稳定性还比较差，稍不注意就很容易反弹，造成再次破坏。

第二，石漠化防治任务依然很重。按照先易后难的原则，石漠化综合治理的前期主要针对自然条件较好、交通条件较便利、治理难度和成本相对较低的区域优先实施了治理。随着治理工作的持续推进，后续需要治理的石漠化土地立地条件更差，缺土少水问题更加突出，治理的难度和成本越来越高，给后续治理带来更大的挑战。

第三，石漠化治理成果巩固难。在经过一段时间的石漠化地区的植被有了很大的改善，植被覆盖率不断提高，但这些植被主要以灌木丛居多，植被群落的稳定性较差，容易发生逆转或恶化（吴协保，2016）。一些石漠化土地经过前期治理后转化为潜在石漠化土地，尽管其植被状况得到明显改善，但在短期内石漠化生态脆弱性不能实质改变的情况下，这些新形成的植被极易受到极端气候和人为因素的干扰而重新出现石漠化的现象。对于前期治理成果的有效管护成为确保石漠化治理长期效果的重要环节，但由于后期管护经费缺乏、管护措施滞后等，前期治理好的成果面临退化的风险仍比较高。从国家林草局发布的第三次石漠化监测结果来看，岩溶地区目前仅有 47% 的乔灌木林得到有效保护，而没有得到有效保护的乔灌木林面积高达 1500 万公顷[1]，这部分林木极有可能难以成活或遭到破坏，从而使林地重新出现石漠化现象。石漠化治理的成果得不到巩固和保护，将会导致石漠化综合治理前功尽弃，造成资源的浪费和生态的破坏。

第四，石漠化人为驱动因素依然存在。石漠化地区人地矛盾依然明显。据统计，2016 年石漠化地区人口密度达 207 人/平方千米，虽然比 2013 年的 222 人/平方千米有所改善，但仍然相当于全国平均人口密度的 1.5 倍，远大于该区域的理论最大承载密度。而且该区域耕地资源稀缺，人均耕地少，贫困问题凸显，贫困人口比较集中，人地矛盾非常突出，仍有 261.6 万公顷石漠化耕地仍在耕种[2]，农户的毁林、砍伐、随意放牧、过度开垦等行为仍时有发生，石漠化边治理边破坏的现象仍在一定范围内大量存在。

---

[1] 数据来源：国家林草局. 中国·岩溶地区石漠化状况公报，详见 http://www.forestry.gov.cn/main/138/20181214/161609114737455.html.

[2] 数据来源同上。

第五，石漠化治理的主体单一，农户主体意识薄弱。长期以来，石漠化综合治理主要以国家自上而下推动为主，政府及科研机构发挥主要作用，而市场化主体未能积极参与到石漠化治理当中。治理资金也主要来源于中央政府每年下拨的专项资金以及地方政府的部分配套资金，相对于面积大、分布广、程度差异高、治理措施复杂的石漠化防治需求而言明显不足，缺少全方位、多渠道协作治理和资金投入机制，难以发挥石漠化综合治理的最佳效果。石漠化地区不合理的人类活动以及淡薄的生态观念是导致石漠化的产生和加剧的主要原因，而农户作为石漠化地区重要的主体，对石漠化综合治理的重要性和意义仍然认识不足，对参与封山育林、植树造林、农村新能源建设等石漠化治理工程的积极性不高。石漠化综合治理是一项劳动力强大的生态工程，充分调动农户对石漠化治理的积极性和主动性，提高农户在石漠化治理中的参与意识与参与程度，是进一步推动石漠化综合治理的关键所在。

3.3 本章小结

本章首先把新中国成立以来集体林权制度改革的历程分成三个重要的历史阶段进行了回顾、梳理，对每个阶段的林地产权特征变化进行介绍，对新一轮集体林权制度改革的成效进行归纳总结，从历史角度分析集体林权制度改革存在的问题。其次，对我国石漠化综合治理实施的背景、过程进行了梳理，对石漠化综合治理的实施概况和治理成果进行归纳总结，对当前石漠化综合治理存在的问题进行追本溯源。

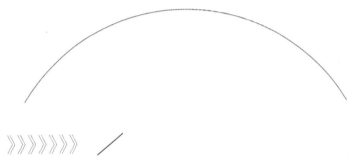

4 样本数据的调研与描述

本章主要对研究所需的数据来源及调研区域进行说明，对样本农户及村庄的基本特征进行描述性统计分析；对调研所获得的数据进行整理，利用调研数据分析农户对新一轮集体林权制度改革以及石漠化综合治理的整体认知情况；最后分析农户参与石漠化林业治理的基本现状，为后续研究提供依据。

4.1 调研设计

4.1.1 数据来源

本研究所用数据主要来自于笔者于 2019 年 4—6 月对广西壮族自治区石漠化较为严重的凤山县进行的农户调查。实地调查主要通过两方面进行：一是通过走访调研区域所在地林业局、发改委、统计局等政府机关部门，收集政府公报数据、统计年鉴、政策文件等，了解调研区域的集体林权制度改革及石漠化综合治理的实施情况。二是通过问卷调查了解农户家庭基本情况、家庭林地资源、农户对石漠化治理的认知、农户参与石漠化林业治理的情况、林改在当地的实施情况（包括确权方式和发证情况等）、农户对林改后的林地产权认知等。问卷调查首先通过当地政府工作部门介绍到需要调研的具体乡镇和村庄，再在村干部及乡村技术员等配合帮助下，由农户面对面填写完成。因此，问卷调查的可靠性大大提高。

4.1.2 样本区域的选择

2018 年广西森林覆盖率为 62.3%，仅次于福建(66.8%)、江西(63.1%)、海南（ 63% ），位于全国第四，是我国南方重点集体林区之一。同时，广西也是我国仅次于贵州、云南之外的第三大石漠化区域，由于地处珠江流域中上游，石漠化问题导致的水土流失、生态恶化等问题严重威胁下游的生态安全，因此，广西是石漠化综合治理的重点区域之一。2008 年伊始，广西有 12 个县被划为石漠化综合治理工程试点县，同时于 2008

年实施了新一轮集体林权制度改革的扩大试点，并在 2012 年基本完成了主体改革。石漠化综合治理工程与新一轮集体林权制度改革两大政策同时实施的制度背景为本研究从林地产权视角探讨农户持续有效参与石漠化林业治理的激励机制提供了契机。

综合石漠化情况、林权改革特点以及森林资源等方面的因素，本研究选择位于广西西北部的河池市凤山县作为调研区域。凤山是广西最早进入全国石漠化综合治理试点的12个县域之一，也是广西较早进行新一轮集体林权制度改革的试点县，选择凤山县作为调研区域具有一定的代表性。凤山县地处云贵高原的南部边缘，全县总面积17.38万hm²，林业用地面积13.24万hm²，占土地总面积的76.2%。其中岩溶地貌极其发育，岩溶面积占全县面积的46.53%。现有林业用地中，公益林面积约占林地总面积的36.9%，商品林面积占林地总面积的63.1%。[①]全县森林资源丰富，但主要以中幼林为主，近、成、过熟林偏少。2008年，凤山被纳入全国石漠化综合治理工程先期试点县，2009年，凤山被纳入广西新一轮集体林权制度改革扩大试点县，经过石漠化综合治理以及林权制度改革两大政策的实施，凤山县的生态环境逐渐好转，森林面积逐年上升，2019年全县森林覆盖率达83.8%[②]，凤山县实现地区生产总值28.04亿元，全年财政收入2.1亿元，全年农林牧渔业实现总产值12.11亿元，其中林业总产值3.1亿元，占农林牧渔业总产值的25.48%。[③]

根据凤山县林业局的数据，凤山县现有石漠化土地中，林地占比

---

① 数据来源于凤山县林业局。

② 根据 2009 年森林资源调查成果，凤山县包含国家特别规定灌木林在内的森林覆盖率仅为 42.9%，而在 2019 年森林覆盖率达到了 83.8%，凤山县森林覆盖率的大幅提升得益于该县在治理石漠化过程中大力发展核桃种植以及封山育林等林业工程，凤山县石漠化治理模式为其他地区的石漠化治理提供了宝贵经验。同时，也应注意到，尽管凤山县森林覆盖率已达83.8%，但凤山县的森林植被主要以中幼林为主，近、成、过熟林偏少，石漠化林地的生态脆弱性没有根本改变，石漠化治理和后期管护的任务仍有很重，因此，以凤山县作为本书的调研区域仍有重要的代表意义。

③ 数据来源于凤山县 2019 年国民经济和社会发展统计公告。

79.9%。目前，因毁林开垦、过度放牧、过度樵采、火烧、不适当经营方式等人为破坏因素导致潜在石漠化土地向石漠化转变的比例仍占31.2%，而在石漠化治理中，人工造林、封山育林、封山管护等林草植被治理措施发挥了80%以上的主要作用。[1]为了实现石漠化治理，强化林地保护，同时发展特色种植产业，增加农民收入，凤山县制定了"岩溶地区治穷之本在治山、治山之本在兴林、兴林重点在核桃"的发展战略[2]，把发展核桃种植作为全县植树造林、石漠化综合治理等生态、民生建设的重点来抓。

广西凤山县历来有种植核桃的传统，并在长期实践中积累了在"石头缝中种核桃成功挂果收获"的经验。核桃树根系发达、枝叶茂盛，并且抗旱能力和水土涵养能力强，适合在高海拔和石漠化地区等立地条件差的土地上存活，同时还可以正常结果，果实、木材、树皮等均具有较高的利用价值。核桃是目前公认具有良好生态价值和经济价值的生态型经济树种。种植核桃既符合石漠化山区林地的立地特点，在涵养水源、保育水土、固碳释氧、维护生物多样性等方面发挥重要作用，达到治理石漠化的目的；长期来看又能提高林地生产力、林地利用率和林地经营效益，调整优化林种树种结构以及转变林业发展方式，具有增加农户收入、促进经济发展的潜力。2012年，河池市政府决定把核桃作为石漠化山区的主要造林树种，实施"砌墙补土护核桃"工程，鼓励和支持广大农户种植核桃以形成规模，提出要在全市整体推进发展核桃产业，把核桃产业作为石漠化治理的典型模式和脱贫攻坚的重要项目，项目建设提高了群众保护生态的意识和参与石漠化治理的积极性。基于此，本书第6章对农户石漠化林业治理人工造林行为以及第7章农户石漠化林业治理林木管护行为的研究采用的数据主要来源于对凤山县农户核桃种植和

---

① 数据来源于凤山县林业局。
② 来源于凤山县人民政府《凤山县凤山核桃中国特色农产品优势区创建工作方案》，http://www.gxfsx.gov.cn/xxgk/gzwj/t5672512.shtml。

管护的调研。截至 2018 年，凤山县核桃种植面积达到 33 万亩，全县 9 个乡（镇）均有种植，覆盖全县 97 个村（社区）约 3.2 万农户，涉及农业人口占全县农业人口的 72% 以上（谢代祖，2018）。通过发展核桃种植治理石漠化，凤山县森林覆盖率比治理前增加了 4 个百分点，植被综合覆盖度提高了 8 个百分点，生态环境明显好转。[①]因此，以凤山县的核桃种植和管护来研究农户石漠化林业治理的人工造林行为和管护行为具有很强的代表性。

4.1.3 样本分布与数据收集

凤山辖区内有9个乡（镇），但根据凤山县林业局提供的资料，凤山县岩溶土地占全县土地总面积的46.53%，主要分布于凤城镇、三门海镇、砦牙乡、乔音乡、金牙瑶族乡（以下简称金牙乡）、中亭乡、平乐瑶族乡（以下简称平乐乡）、江洲瑶族乡（以下简称江洲乡）等八个乡镇，因此，本研究的调研区域以这八个乡镇为主，不包含辖区内的长洲镇。根据凤山县第三次石漠化监测的数据[②]，八个乡镇岩溶土地占比从高到低依次为：金牙乡（22.3%）、凤城镇（18.6%）、砦牙乡（14.2%）、三门海镇（13.6%）、乔音乡（10.9%）、中亭乡（8.0%）、平乐乡（7.7%）、江洲乡（4.6%）。八个乡镇共有石漠化土地面积33242.68公顷，以轻度、中度石漠化土地为主，约占石漠化土地面积的92.3%。其中，轻度石漠化土地主要分布在砦牙乡和金牙乡，中度石漠化土地主要分布在三门海镇和金牙乡，重度石漠化土地主要分布在砦牙乡和乔音乡，极重度石漠化土地则主要分布在平乐乡。同时，凤山县仍有潜在石漠化土地面积39831.38公顷，潜在石漠化土地若管理不当，极有可能进一步演化成石漠化土地，给当地带来巨大的潜在风险。从土地利用类型来看，凤山县石漠化土地中约有79.9%为林地，有15.9%为耕地，有4.1%为未利用地，

---

① 数据来源于凤山县水果局。
② 数据来源于凤山县林业局。

可见，林地的石漠化治理是凤山石漠化治理的重中之重。综合凤山县岩溶石漠化土地的分布情况、各乡镇人口情况等多方面的因素，本研究按照分层随机抽样的原则，在凤山县金牙乡、凤城镇、砦牙乡、三门海镇、乔音乡、中亭乡、平乐乡、江洲乡等八个乡镇分别选择2~4个行政村，根据村庄规模在每个村内随机选取20~25个农户进行调查，共发放588份问卷，得到有效问卷549份，有效率为93.37%，样本分布情况如表4-1所示。

表 4-1 样本分布情况

乡镇	行政村	样本采集数/户	有效样本数/户	有效率/%
金牙乡	上牙村	22	20	90.91
	下牙村	25	22	88.00
	更沙村	25	25	100.00
	坡茶村	20	19	95.00
凤城镇	弄者村	25	25	100.00
	良利村	25	21	84.00
	拉仁村	20	19	95.00
	林兰村	20	17	85.00
砦牙乡	拉隆村	25	25	100.00
	弄怀村	24	21	87.50
	泗务村	20	20	100.00
三门海镇	央峒村	25	25	100.00
	弄仁村	25	23	92.00
	坡心村	20	17	85.00
乔音乡	同乐村	22	20	90.91
	久隆村	25	22	88.00
	巴甲村	25	25	100.00
中亭乡	柏林村	25	22	88.00
	陇弄村	25	25	100.00
	先锋村	25	25	100.00
平乐乡	寅亭村	25	24	96.00
	桑亭村	20	18	90.00
	平旺村	25	20	80.00
江洲乡	弄旁村	25	25	100.00
	巴标村	25	24	96.00
合 计	25 个行政村	588	549	93.37

本次调查以问卷调查为主，问卷包括农户问卷和村级问卷。在正式调查之前，依据本研究的内容，借鉴以往学者对林地产权、石漠化综合治理以及农户行为等方面的研究成果，结合新一轮集体林权制度改革与石漠化林业治理工程的实际情况，初步设计了调查问卷。邀请负责集体林权制度改革、石漠化综合治理领域的专家、机构成员对问卷内容进行修改完善，然后在河池市金城江区进行了预调研，进一步完善修改后形成最终的调查问卷。农户问卷主要包括农户及其家庭基本情况、家庭林地资源、农户对石漠化治理的认知、农户参与石漠化林业治理的情况，以及农户对新一轮集体林权制度改革与林改后的林地权利认知等。其中，农户参与石漠化林业治理人工造林和管护这两种行为主要调研农户核桃经济林的种植和管护数据，农户参与封山育林行为的数据则主要针对农户参与生态公益林封山管护进行调查。村级问卷主要包括行政村基本信息、村级林业资源以及社会经济状况等内容，所有问卷采取一对一访谈形式完成。其次，在正式调查开始之前，组织调研小组，对调查员进行了统一培训，主要是解释调查问卷的内容，明确相关问题的内涵等。一部分问卷由笔者本人组织和带领院校经管类专业本科生完成，另一部分则依托凤山县水果局挂靠在各个乡镇和行政村的核桃技术员或者当地的村干部进行调查，在调查之前均对参与调查的人员进行系统的培训和模拟，以确保问卷的有效性。

4.2 调研样本的基本描述

4.2.1 样本农户的基本特征

表 4-2 展示了样本农户的基本特征。可以看出，在调查样本中，男性户主占 90.9%，女性仅占 9.1%。户主年龄主要分布在 21~68 岁，其中，劳动力（即年龄在 16~60 岁）样本占比 89.6%。户主文化程度以小学及以下与初中文化为主，其中小学及以下文化程度的户主占比为 45.3%，

初中文化程度的户主占比为 46.6%，高中以上文化程度的户主仅占总样本的 8.1%，说明样本户主的文化水平总体水平偏低。65%的户主曾经有过外出打工的经历。家庭总人口数以 3~5 人的规模为主，占总样本的比例为 77.4%；6~7 人的家庭规模，占比为 19.7%。从家庭劳动力数来看，50.1%的家庭仅拥有 1~2 个劳动力，46.8%的家庭拥有 3~4 个劳动力，拥有 5~6 个劳动力的家庭占比仅为 3.1%，这可能与样本总体年龄以 30~50 岁阶段的特征有关。从家庭非农就业劳动力数来看，非农就业劳动力数在 1 及以下的农户家庭占比 32.4%；非农就业劳动力数在 1~2 的农户家庭，占比 61.7%，非农就业劳动力数在 2 以上的农户家庭仅占 3.1%，说明样本农户的劳动力主要以近距离的短期非农就业为主。2018 年林业总收入 5000 元及以下的农户家庭占比 35.7%，林业总收入 5000~10000 元的农户家庭占比 52.1%，林业总收入 10000 以上的农户家庭占比仅为 12.2%。

表 4-2 样本农户基本特征描述

统计指标	样本数	占比/%	统计指标	样本数	占比/%
性别			家庭总人口数		
男	499	90.9	2 人及以下	16	2.9
女	50	9.1	3~5 人	425	77.4
			6~7 人	108	19.7
户主年龄			家庭劳动力数		
30 岁及以下	18	3.3	1~2 个	275	50.1
31~40	115	20.9	3~4 个	257	46.8
41~50	229	41.7	5~6 个	17	3.1
51~60	130	23.7			
60 以上	57	10.4			
户主文化程度			家庭非农就业劳动力数[①]		
小学及以下	248	45.3	1 及以下	178	32.4
初中	257	46.6	1~2	339	61.7
高中（中专）	42	7.7	2 以上	32	5.9
大专及以上	2	0.4			

统计指标	样本数	占比/%	统计指标	样本数	占比/%
户主打工经历			2018 年家庭林业 总收入		
是	358	65.0	5000 元及以下	196	35.7
否	191	35.0	5001~10000 元	286	52.1
			10001~15000 元	54	9.8
			15000 元以上	13	2.4

注：①非农就业劳动力数的测度参考马贤磊相关研究（2015）。根据家庭从事非农就业的劳动力折算为标准劳动力，折算系数为：在外务工年平均时间大于 9 个月设为 1，在 6 至 9 个月间设为 0.75，在 4 至 6 个月间设为 0.5，小于 3 个月设为 0.25。

4.2.2 样本农户的林地特征

表 4-3 汇报了样本农户的林地基本特征。从林地面积来看，样本农户中拥有林地面积最小的是 4 亩，最大的为 67 亩，林地面积在 10 亩以下的农户占总样本的 5.8%，林地面积在 10~30 亩的农户占比 57.9%，林地面积在 30~50 亩的农户占比 40.5%，拥有 50 亩以上林地的农户仅占 7.5%，说明样本农户的林地以中等规模为主。此外，约有 20.4%的农户拥有的林地地块数在 5 块及以下，42.8%的农户拥有的林地地块数在 6~10 块，26.2%的农户的林地地块数在 10~15 块，拥有 15 块以上林地的农户占比有 10.6%，说明样本农户的林地细碎化程度很高，给农户的林地经营和管护可能带来不便。林地的石漠化程度代表林地的质量和可利用程度，样本农户中，拥有极重度石漠化林地的占比较低，仅占 0.4%；拥有重度石漠化林地的占比 20.2%；拥有中度石漠化林地的农户占比最高，为 49.2%；而拥有轻度和潜在石漠化林地的农户占比为 30.2%。说明样本区的林地石漠化问题较为严重，可能会影响农户的林地经营和管护的积极性。林地离家的平均距离最短为 0.1 千米，最远为 9 千米，整体平均距离在 1 千米以内的占比 33.9%，1~3 千米的占 41.9%，3~5 千米的占

16.8%，5 千米以上的仅占 7.4%。这说明林地距离农户家庭相对较近，方便农户进行林地的经营管护。

表 4-3 样本农户的林地基本特征

统计指标	样本数	占比/%	统计指标	样本数	占比/%
林地面积			林地石漠化程度		
10 亩及以下	32	5.8	极重度	2	0.4
10~20 亩	185	45.3	重度	111	20.2
20~30 亩	69	12.6	中度	270	49.2
30~40 亩	92	16.8	轻度	79	14.4
40~50 亩	130	23.7	潜在石漠化	87	15.8
50 亩以上	41	7.5			
林地地块数			林地离家距离		
5 块及以下	112	20.4	1 千米及以内	186	33.9
6~10 块	235	42.8	1~3 千米	230	41.9
11~15 块	144	26.2	3~5 千米	92	16.8
16~20 块	52	9.5	5 千米以上	41	7.4
20 块以上	6	1.1			

4.2.3 样本农户所在村庄特征

表 4-4 为样本农户所在村的基本情况。调研的 25 个村庄中，到最近的乡镇的距离最短的是 2 千米，最远的是 50 千米。其中，24%的样本村庄与最近的乡镇的距离在 5 千米以内，距离在 5~10 千米的村庄占比为 16%，距离在 10~15 千米的村庄占 28%，距离为 15~20 千米的村庄占 20%，距离 20 千米以上的村庄占比为 12%。这说明，样本村庄与外界的交流条件相对较好。从经济发展情况看，样本村庄中人均可支配收入在 7000 元及以下的占 12%，在 7000~8000 元的占比为 64%，人均可支配收入在 8000 元以上的村庄占比为 24%。这说明样本村庄的经济发展水平总体还比较落后。

表 4-4 样本村庄基本特征

统计指标	样本数	占比/%	统计指标	样本数	占比/%
村距离			村人均纯收入		
5 千米及以内	6	24.0	7000 及以下	3	12.0
5~10 千米	4	16.0	7000~8000 元	16	64.0
10~15 千米	7	28.0	8000 元以上	6	24.0
15~20 千米	5	20.0			
20 千米以上	3	12.0			

4.3 样本区内农户对林地产权的认知

从农户认知的视角衡量新一轮集体林权制度改革的实施情况及效果为本研究提供了新的思路。沿着这一思路,对样本区农户的林地产权经历、集体林权制度改革的实施情况以及样本农户对林地产权认知进行详细分析。

4.3.1 样本农户林地产权经历

农户对所处的产权环境的主观评价及其对未来失去土地财产的恐惧感构成了农户对土地产权的感知(Broegaard, 2005),而农户的林地调整以及纠纷等历史性经历所建立的先验感知可能会弱化其对林地产权的认知(马贤磊等,2015)。因此,对农户所经历的林地调整以及纠纷情况进行了解,有助于我们更好地理解农户对林地产权的认知情况。从表 4-5 可知,1980 年以来,有 51.7%的样本农户曾经经历过林地调整,其中有 43.9%的样本农户经历过 1 次林地调整,7.8%的样本农户经历过 2 次以上的林地调整。在样本农户中,有 3.8%经历过林地纠纷,其中有 2.3%的农户经历过 2 次以上的林地纠纷。

表 4-5 样本农户经历的林地调整及纠纷情况

统计指标	样本数	占比 /%	统计指标	样本数	占比 /%
是否有调整			是否有纠纷		
没有调整	265	48.3	没有纠纷	528	96.2
曾经调整	284	51.7	有过纠纷	21	3.8
其中：调整 1 次	241	43.9	其中：1 次纠纷	8	1.5
调整 2 次以上	43	7.8	2 次以上纠纷	13	2.3

4.3.2 林地确权方式及林权证发放情况

新一轮集体林权制度改革的具体实施同样会影响农户对林地产权的认知。图 4-1 反映了样本区集体林制度改革中的林地确权方式和林权证发放情况。从图 4-1 可知，样本区林地确权方式以均山到户为主，占比为 56.6%，但也有 43.4% 的林地的确权方式以均股均利到户为主。从发证情况看，83.2% 的样本农户在新一轮集体林权改革后拿到了林权证，但仍有 16.8% 的样本农户没有领到林权证。

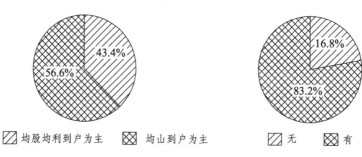

图 4-1 林地确权方式和林权证发放情况

4.3.3 样本农户对林地产权安全性及产权完整性的认知

新一轮集体林权制度改革通过明晰产权、颁发林权证等手段赋予农户更安全的林地产权和更完整的林地产权结构，因此，农户对林地产权安全性及林地产权完整性的认知程度是检验新一轮集体林权制度改革成效的重要标准之一。

4.3.3.1 样本农户对林地产权安全性的认知

图 4-2 汇报了样本农户对林地产权安全性的认知情况。根据前面的理论分析,农户对林地产权安全性的认知可用其对未来是否有可能失去林地的判断来衡量。由于农户有可能会因林地调整、征用或纠纷等失去林地,因此,本研究把林地产权安全性分解为农户对林地未来发生调整的风险预期、农户对林地未来被征用的风险预期以及农户对林地未来发生纠纷的风险预期等三个方面,根据农户对每一项风险发生的可能性判断进行赋值:0 代表农户预期林地未来有可能被调整、征用或发生纠纷,1 代表农户预期不确定,2 代表农户预期林地未来不可能被调整、征用或发生纠纷。从图 4-2 可知,大部分样本农户不确定林地未来是否会发生调整、征用或纠纷,尤其是农户对林地未来是否被调整的不确定性预期高达 70.5%,这可能跟样本农户中有 51.7%的样本农户曾经经历过林地调整有关。认为林地未来不可能发生调整、征用或纠纷的样本农户分别占 20.4%、36.2%和 37.5%,认为林地未来有可能发生调整、征用或纠纷的样本农户分别占 9.1%、3.8%和 6.0%。由此可以判断,在新一轮集体林权制度改革后,样本农户感知到的林地产权安全性有所提高,但总体而言还有较大的上升空间。

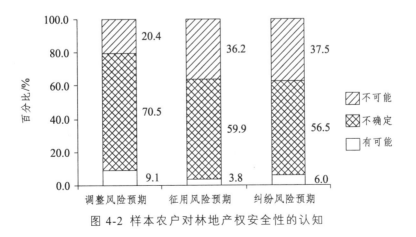

图 4-2 样本农户对林地产权安全性的认知

4.3.3.2 样本农户对林地产权完整性认知

本研究用林地使用权、流转权和抵押权来代表林地产权结构。

其一，样本农户对林地使用权完整性的认知。如图 4-3 所示，农户的林地使用权被分解为林地转为农业用途的权利、林地改为其他林业用途的权利、自主选择经营树种的权利以及经营非木质产品的权利等四个方面，根据农户认为其对某项权利的持有程度进行赋值。在对"是否拥有把林地转为农业用途的权利"的回答中，31.5%的样本农户认为自己不拥有该项权利，31.1%的样本农户不确定是否拥有该项权利，24.8%的样本农户认为应在征得林业局或村委会的同意下使用该项权利，只有12.6%的样本农户认为自己可以把林地转变为农业用途，这可能与政府对石漠化地区的林地资源有较为严格的使用限制有关。在对"是否拥有把林地改为其他林业用途（如把用材林或生态林改为经济林）的权利"的回答中，10.4%的样本农户认为没有这项权利，47.7%的样本农户不确定自己是否拥有该项权利，27.3%的样本农户认为应征得村委会或林业局的同意，14.6%的样本农户认为自己可以把林地转换为其他林业用途。在被问到"是否拥有自主选择经营树种"时，35.2%的样本农户认为可以自主选择经营树种，30.4%的样本农户认为应征得村委会或林业局的同意，32.4%的样本农户不确定是否可以自主选择经营树种，仅有2%的样本农户认为自己没有自主选择经营树种的权利。而在被问到"是否拥有经营非木质产品的权利"时，认为可以经营非木质产品的样本农户占45.5%，认为应征得村委会或林业局同意的占 29.2%，不确定的样本农户占 25.3%。农户认为拥有"经营非木质产品"的权利明显高于其他使用权利，这可能是因为当地政府在治理石漠化过程中为解决农户短期收入减少的问题，大力推广林下种植、养殖，以实现以短养长、促进农民收入的目标。而根据调查，样本农户中约有 56.1%的农户选择了林下套种套养项目。总体而言，由于受到石漠化林地使用的诸多限制，样本区农户普遍认为他们对林地使用权持有情况的水平仍比较低。

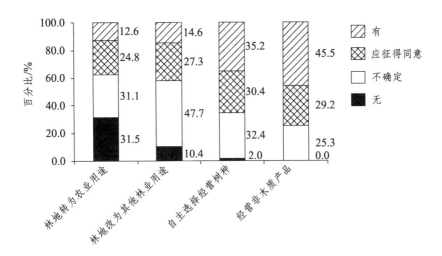

图 4-3 样本农户对林地使用权完整性的认知

其二，农户对林地流转权的认知包括两个方面：农户是否拥有在村内流转（转入或转出）林地的权利、农户是否拥有在村外流转（转入或转出）林地的权利。如图 4-4 所示，对于在村内流转林地的权利，39.9%的样本农户认为拥有该项权利，49.4%的样本农户认为应征得村委会或林业局的同意，10.7%的样本农户不确定是否有这项权利。对于在村外流转林地的权利，只有 27.7%的样本农户认为拥有该项权利，36.1%的样本农户认为应征得村委会或林业局的同意，26.7%的农户不确定是否拥有该项权利，而有 9.5%的样本农户认为不拥有该项权利。可见，农户对林地在村内流转权利的认知水平高于对林地在村外流转权利的认知水平。总体而言，农户对林地流转权的认知水平不高，即农户对林地流转权的持有水平仍有较大的上升空间。

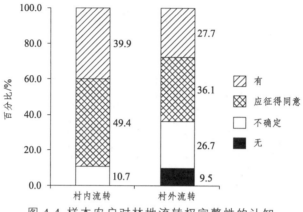

图 4-4 样本农户对林地流转权完整性的认知

其三，样本农户对林地抵押权完整性的认知。图 4-5 汇报了样本农户对林地抵押权完整性的认知水平。认为拥有林地抵押权的农户占总样本的 33.3%，认为应征得同意的农户占总样本的 24.8%，不确定是否有抵押权的农户占总样本的 13.3%，而认为不拥有林地抵押权的农户占总样本的 28.6%。可见，仍有较大比例的农户对林地抵押权缺乏了解。

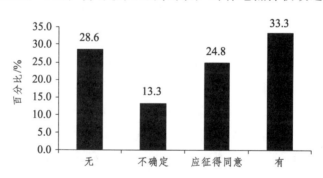

图 4-5 样本农户对林地抵押权完整性的认知

4.4 样本农户对石漠化以及石漠化治理的认知

4.4.1 样本农户对石漠化的认知

作为石漠化地区最重要的主体，农户对石漠化的认知会直接影响其对石漠化治理的关注，同时对其参与石漠化治理的积极性有重要影响。本研究中，农户对石漠化的认知主要包括对石漠化危害的认知以及对石漠化产生的人为因素认知两个方面。从图 4-6 可以看到，在被问到"您认为石漠化给您和您的家庭带来什么不良影响（多选题）"时，61.7%的样本农户认为石漠化导致土壤肥力下降,进而影响了农产品收成和质量；54.5%的样本农户认为石漠化制约了农民的种植结构，进而减少了经济来源和农业收入；51.7%的样本农户认为石漠化导致生存环境恶化，进而影响了生产生活条件；10%的农户认为石漠化对其没有任何影响。可见，样本农户对石漠化带来的危害有一定的认知水平，逐步认识了石漠化对当地生产生活带来的负面作用，但也仍有很大一部分人没有意识到石漠化给他们带来的不良影响。

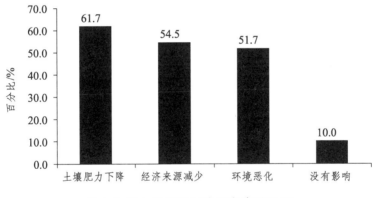

图 4-6 样本农户对石漠化危害的认知

而在被问到"您认为以下哪些人为活动会导致石漠化发生"时，从农户回答的选项来看，大部分农户意识到乱砍滥伐、过度樵采、不合理的耕作方式、过度开垦、乱开矿和无序工程以及过度放牧等人为活动都有可能导致石漠化的发生。其中，选择乱砍滥伐的人最多，其次是过度樵采以及不合理的耕作方式。

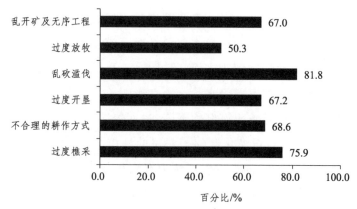

图 4-7 样本农户对导致石漠化的人为因素的认知

4.4.2 样本农户对石漠化治理的认知

农户作为石漠化治理的重要主体之一，其对石漠化治理的认知程度是衡量石漠化治理实施效果的重要判断标准，也是决定石漠化可持续治理的关键所在。农户对石漠化治理的认知主要包括以下几个方面。

（1）样本农户接受石漠化治理培训的情况。为让农户更好地理解石漠化的危害以及石漠化治理的重要性，并掌握石漠化治理的技术措施，石漠化地区的政府部门通过项目实施、会议培训等多种方式对农户进行培训。如图 4-8 所示，在样本中，有 85.2%的农户表示曾经接受过一种以上形式的石漠化治理培训，14.7%的农户表示没有接受过任何形式的石漠化治理培训。

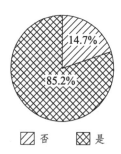

图 4-8 样本农户接受石漠化治理培训的情况

（2）农户对石漠化治理重要性的认知。农户对石漠化治理重要性的认知是其积极参与石漠化治理的基础。从图 4-9 可知，认为石漠化治理非常重要的农户占总样本的 55.9%，认为石漠化治理比较重要的农户占总样本的 19.9%，但认为石漠化治理一点都不重要的农户占总样本的比例高达 24.2%。对比前述农户对石漠化危害的认知情况，样本农户虽然对石漠化的危害有一定的认知，但这种认知水平仍比较有限，而农户对石漠化危害的认知水平也直接影响了其对石漠化治理重要性的认知。

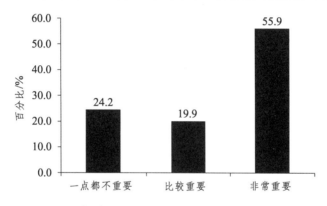

图 4-9 样本农户对石漠化治理重要性的认知

（3）农户对石漠化治理目的的认知。表 4-6 汇报了样本农户对石漠化治理目的的认知水平。可以看出，农户对石漠化治理目的认知水平较高，在给出的石漠化治理的三个主要目的中，有 524 个样本农户选择了"减少水土流失"，占总样本的 95.4%；有 481 个样本农户选择了"增加农民收入"，占总样本的 87.6%；有 378 个样本农户选择了"促进农业结构调整"，占总样本的 68.9%；仅有少数人表示不太清楚石漠化治理的目的是什么，占比约为 1.6%。农户对石漠化治理目的的清晰认知一方面是政府重视和大力宣传石漠化治理的结果，另一方面也表明了样本区农户对治理石漠化、改善生态环境的诉求。

表 4-6 样本农户对石漠化治理目的的认知

	减少水土流失	增加农民收入	促进农业结构调整	不太清楚
频 数	524	481	378	9
百分比	95.4%	87.6%	68.9%	1.6%

（4）农户对石漠化治理主体的认知。石漠化治理是一个需要多方主体相互协调、合作的系统工程，其中涉及的主体主要包括中央政府、地方政府、村集体、农户以及科研院所、其他各方机构等。农户是否意识到自身在石漠化治理中的主体地位，是其参与石漠化治理的原动力（余霜，2015）。从图 4-10 来看，农户认为石漠化治理的主体主要是地方政府和中央政府部门，选择这两者的农户分别占总样本的 91.6% 和 80.9%；73.2% 的农户认为，村集体组织也应该是石漠化治理的主要主体之一；相比之下，认为农户是石漠化治理主体的仅占总样本的 57%；此外，有 3.5% 的样本农户认为石漠化治理主体应该是科研院所中具备科学知识的专家学者等。可见，农户对自己是石漠化治理主体的认知水平相对较低，这也与当前石漠化治理主要由政府自上而下推动的背景相符，农户认为石漠化治理主要是政府的事情，这可能会影响农户主动参与石漠化治理的积极性。

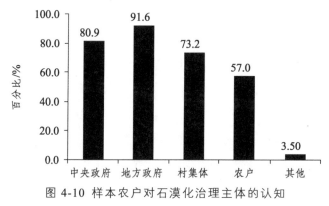

图 4-10 样本农户对石漠化治理主体的认知

（5）样本农户获取石漠化治理信息的渠道。信息可达性是影响农户了解石漠化治理政策的关键，也是农户决定是否参与石漠化治理的重要依据。因此，本研究在问卷中对农户了解石漠化治理信息的渠道进行了调查。从图4-11可知，农户获取石漠化治理信息的渠道很多，但主要以村民会议、村务公开栏以及村干部为主，65%以上的样本农户通过上述三种渠道了解石漠化治理的政策、措施等方面的信息，说明村委会和村干部在石漠化治理工程的信息发布、政策宣传等方面发挥了重要的积极作用；其次是从新闻媒介获取石漠化治理信息。此外，和亲戚朋友之间的来往交流也是农户获取石漠化治理信息的重要渠道之一。

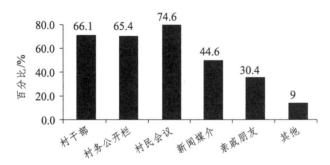

图 4-11 样本农户了解石漠化治理信息的渠道

（6）农户对石漠化治理方式的认知。石漠化治理的方式包括人工造林、封山育林以及植被管护等林业治理措施，也包括坡改梯、小型水利建设等工程措施，还包括一些节水技术、农牧业技术等技术措施。从调研数据来看，农户对林业治理措施的认知度较高。其中，了解封山育林治理方式的农户占总样本的79.8%，了解人工造林治理方式的农户占总样本的69.2%，了解植被管护治理方式的占比为36.0%。这主要是因为林业治理方式在石漠化治理过程中起到了非常显著的作用，也是政府主要采用的治理方式。除此之外，农户对坡改梯、水利建设等治理方式也有一定的了解，分别占总样本的38.2%和24.0%。对于其他的技术型治理方式，农户了解得比较少。

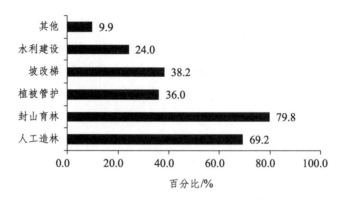

图 4-12 样本农户对石漠化治理方式的认知

（7）农户参与石漠化治理后收入变化情况。石漠化治理不仅是为了减少水土流失、改善生态环境，而且还要通过农业结构调整、发展替代产业等方式提高农户的经济收入。因此，农户在参与石漠化治理后的收入变化是衡量石漠化治理效果以及决定石漠化治理可持续的重要标准。从调研结果（图 4-13）看，77.5%的样本农户表示在参与石漠化治理后收入水平提高了，18.7%的样本农户表示参与石漠化治理前后的收入基本持平，而有 3.6%的样本农户认为在参与石漠化治理后收入水平较之前有所下降。这说明，样本区的石漠化治理给大部分农户带来了实惠，这将是决定农户积极主动参与石漠化治理的动力所在。进一步调查发现，农户参与石漠化治理的收入来源主要有来自石漠化治理工程的各种补偿补贴、参与石漠化治理工程投工投劳获得的劳动报酬以及发展新型农林种养所获得的收益等。同时我们也发现，由于石漠化治理是一个长期的过程，短期内农林业种植结构调整等不会有突飞猛进的改善，尤其是林业治理周期更长，来自农林种养的收入占比还比较低，这有可能在一定程度上弱化农户参与石漠化治理的积极性。

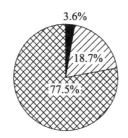

■ 收入减少 ▨ 收入持平 ▧ 收入增加

图 4-13 样本农户参与石漠化林业治理后收入变化情况

4.5 样本农户参与石漠化林业治理的行为现状分析

在实际调研中发现，石漠化林业治理的实施涉及不同环节（前期人工造林与后期对造林成果的有效管护）以及不同林种类型（商品林与公益林）的治理。其中，与农户最为密切相关的是政府为同时实现生态效益和经济效益而实施的一些适合石漠化林地的特色经果林种植和管护项目，以及为保护生态公益林而实施的封山育林项目。因此，本研究中农户参与石漠化林业治理的行为主要包括人工造林、林木管护以及封山育林等三种。

4.5.1 农户参与人工造林的情况

由于调研区主要以发展核桃经济林种植来治理石漠化和增加农户的收入，因此，在实地调研中，主要针对调研区农户参与核桃经济林的种植情况进行了调研。农户参与人工造林的行为具体包括为人工造林投入资金和劳动力两个方面。因此，以农户人工造林的资金投入和劳动力投入衡量农户参与人工造林的情况。图4-14描述了农户参与核桃经济林造林的投入情况。从样本比例来看，77.6%的样本农户以投资的方式参与了人工造林，87.4%的样本农户以投工的方式参与了人工造林。可见，在样本区，农户更倾向于以投工方式参与人工造林，这可能是因为当地政府为了鼓励农户积极参与核桃经济林种植，在前期的苗木、肥料等费用上给予很大的支持。尤其是对于一些贫困户，免费提供苗木和肥料等，农户只需投工即可。进一步地对农户人工造林的投资水平和投工水平考察发现，在样本农户中，2012—2018年年均造林资金投入均值为412元，总体水平较低，这是因为调研区发展核桃产业项目，苗木等大部分开支由政府补贴，农户只需象征性每亩出资15元钱，再加上造林时的肥料投入。年均造林投工均值为23个工左右。

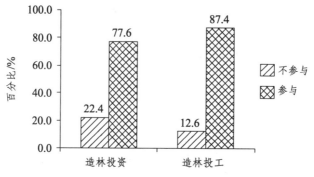

图 4-14 样本农户参与人工造林的情况

4.5.2 农户参与林木管护的情况

与人工造林一样，农户参与林木管护的行为也主要针对凤山县农户核桃管护的情况进行调查。相对于前期的造林投入，管护投入对劳动力的需求更大，时间更长，频率更多，农户对林木的管护主要分为管护频率和管护强度两个方面。图 4-15、4-16 描述了样本农户参与林木管护行为的情况。从图 4-15 中可以看出，在参与核桃经济林造林的样本农户中，83.1%对林木进行了后期持续管护，16.9%的农户没有对林木进行后期持续管护。但农户的林木管护频率（平均每年对林木的管护次数）的均值仅为 2.47 次，农户的管护强度（平均每年林木管护的劳动力投入）的均值为 22 个工左右。可见，农户对林木的管护频率与管护强度总体水平仍比较低。

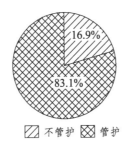

图 4-15 样本农户参与管护的情况

从图 4-16 中可知，农户对林木管护的方式主要以除杂和施肥为主，88%以上的农户参与了上述两项管护活动；其次是防虫和防火，分别有62.7%和 54.2%的样本农户对林木进行了防虫和防火的管护。

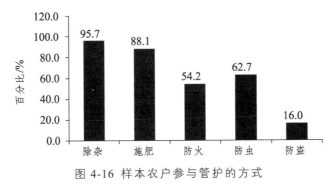

图 4-16 样本农户参与管护的方式

4.5.3 农户参与封山育林的情况

农户参与封山育林意味着农户严格遵守封山育林规定，不在封山区域做任何违反封山育林规定的行为。如图 4-17 所示，64.8%的样本农户表示从来没有在封山育林区域有过任何违反封山育林规定的行为，35.2%的样本农户表示曾经在封山育林区域有过一种以上违反封山育林规定的行为。这说明还有很大一部分农户对封山育林政策规定存在不了解或忽视的情况。

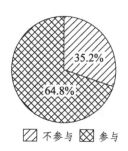

图 4-17 样本农户参与封山育林的情况

从图 4-18 中我们进一步发现，在违反封山育林规定的 193 个样本农户中，139 个样本农户表示曾经在封山玉林区域有过砍柴行为，81 个农户表示曾经在封山育林区域有过放牧行为，49 个农户表示曾经在封山育林区域有过采摘行为，有 9 个农户表示曾经在封山育林区域有过烧火行为。砍柴行为较多可能是因为调研区的一些农户仍然倾向于采用传统的薪柴烧火做饭方式。在我们的进一步调查中发现，尽管有 67% 的样本农户家庭安装了沼气池或节能灶，但仍有 41.4% 的样本农户使用薪柴作为生活能源，而使用沼气池或节能灶的农户仅占总样本的 21.4%。

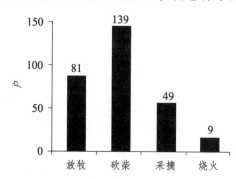

图 4-18 农户违反封山育林规定的行为

4.6 本章小结

本章对研究所需要的数据来源以及调研设计等进行了介绍，在此基础上对样本农户特征、林地特征以及村庄特征等进行了描述，接着分析了新一轮集体林权制度改革后农户对林地产权的认知以及农户对石漠化治理的认知，最后对农户参与石漠化林业治理人工造林、林木管护以及封山育林等三项行为现状进行了考察。得出的结论如下。

（1）样本区在新一轮集体林权制度改革中主要采取了均股均利到户和直接均山到户两种林地确权形式，直接均山到户的比例高于均股均利到户的比例。大部分农户在林改后拿到了林权证，但也有16.8%的样本农户目前还没有领到林权证。

（2）新一轮集体林权制度改革旨在赋予农户更为安全的林地产权和更完整的林地产权结构，但总体而言，石漠化地区农户对林地产权安全性及林地产权完整性的认知水平仍有待提升，这可能是受到以往产权调整或纠纷经历等先验感知以及石漠化林地受限使用等影响。对样本区的调查研究发现，在新一轮林地产权制度改革后，55%以上的农户对林地未来是否会发生调整、征用或纠纷持不确定的态度，认为林地未来不可能发生调整、征用或纠纷的农户分别只占20.4%、36.2%和37.5%，说明农户对林地产权安全性的认知还有待提升；在对林地产权完整性的认知方面，样本农户对林地使用权的认知水平仍然比较低，仅在"自主选择经营树种"和"经营非木质产品"这两项使用权利上有较高的确定性；农户对林地在村内流转权利的认知水平高于对林地在村外流转权利的认知水平；农户对林地抵押权的认知还比较缺乏，表现为仍有41.9%的样本农户认为不拥有或不确定是否拥有林地抵押权。

（3）调查发现，50%的农户对石漠化导致的土壤肥力下降、经济来源减少、环境恶化等危害有一定的了解，并意识到乱砍滥伐、过度樵采、不合理的耕作方式等人为活动是导致石漠化的主要原因，75.8%以上的样本农户认为石漠化治理非常重要或比较重要。此外，绝大部分农户认为石漠化治理的主体应该是中央政府、地方政府或村集体组织，仅有57%的农户认为自己是石漠化治理的重要主体。农户对人工造林、植被管护、封山育林等石漠化林业治理措施的认知度较高。77.5%以上的农户认为参与石漠化治理后收入水平有所提高。

（4）农户参与石漠化林业治理的方式主要包括人工造林、林木管护以及封山育林等三个方面。在人工造林方面，样本农户中以投入资金、投入劳动力的形式参与人工造林的分别占 77.6%和 87.4%，以投入劳动力方式参与人工造林的农户比以投入资金方式参与的农户多。在林木管护方面，仅占 83.1%的样本农户对林木进行栽后管护，且管护频率与管护强度仍处于较低水平，说明样本区存在"只栽不管"或"重栽轻管"的现象，对石漠化林业治理成果的巩固以及石漠化林业治理效果可持续性带来不利影响。在封山育林方面，64.8%的样本农户能够遵守封山育林规定，但仍有 35.2%的样本农户曾经有过违反封山育林规定的行为，其中主要以在封山育林区域砍柴、放牧、采摘为主。

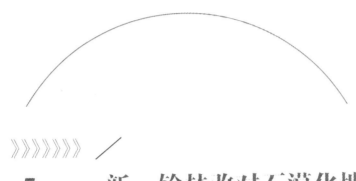

5 新一轮林改对石漠化地区农户林地产权安全感知的影响分析

2003 年以来推行的新一轮集体林权制度改革通过确权、赋权等措施从法律层面提升了林地的产权安全，但鉴于法律规定及其实际执行情况的偏差（郭亮，2011；胡新艳等，2019），林权制度的改革与完善能否带来事实上的林地产权安全，要受林改政策等正式制度的执行情况及村级自治、村庄情景等非正式制度环境的影响。而由于对规范性法律的理解程度以及所经历的实际产权环境的差异，农户对林地产权安全的感知也会存在偏差（Gelder，2010；马贤磊等，2015；黄培峰等，2019）。有学者认为，土地产权实际上是通过农户对实际产权安全的主观认知发挥作用的（Broegaard，2005；仇童伟等，2015），因而主张将农户产权安全感知作为理解农户行为的重要因素（Sjaastad etal.，1997；Ma，2013；吉登艳，2015）。从这个层面上看，分析农户林地产权安全感知的形成机理，探究农户林地产权安全感知的影响因素，对进一步完善集体林权制度、引导农户合理的林地利用行为及林业生态治理行为等有重要意义。

现有研究对农地领域的农户土地产权安全感知及其影响因素进行了有益的探究。在农户土地产权安全感知的界定上，马贤磊等（2015）、Ma 等（2013）认为农户的土地产权安全感知可以用"农户对未来土地发生调整的感知"及"农户对土地承包经营权证书的重要性感知"来表征，胡新艳等通过让农户回答"土地的承包权是否属于农户"这一问题来进行判断。而在林地领域，吉登艳认为农户的林地产权安全感知应从"农户对林地未来被调整以及被征收的风险感知"两个方面衡量，黄培峰等（2019）则用"产权认定感知、产权保护感知、产权使用感知和产权的司法可获得性感知"等四个维度的复合指标来刻画农户的林地产权安全感知。此外，关于农户产权安全感知的影响因素，比较一致的观点是土地确权或颁发土地证书提高了农户的土地产权安全感知（Holden etal.,2002；Reerink etal.,2010）。饶芳萍（2015）肯定了土地登记等正式制度以及信任等非正式制度对土地产权安全感知的强化作用。马贤磊等（2015）则关注了土地的产权经历、土地产权历史情景的影响。吉登艳（2015）、Yi（2011）等重点关注了农户拥有的林地权利的完整性（权利数量、权利强度等）对其林地产权安全感知的影响。黄培峰等（2019）在影响林地产权安全感知的正式制度因素中考虑了林地经营期限因素，这主要是基于林地生产经营周期长的考虑。显而易见，现有林地产权安全感知及其影响因素的研究主要是基于农地之上的，且对农户林地产权安全感知的定义和测度存在差异，关注的影响因素的侧重点也不尽相同，至今尚未形成统一框架。对于一些生态脆弱区域及重点生态功能区域，林地承担了更多的生态功能而非生产功能，林权改革在这些区域的实施能否提高农户的林地产权安全，这是值得研究的重要问题，但现有研究仍缺少针对性的探讨。此外，由于林权改革政策的实施受到一定社会关系的影响，而作为农村社会中最重要的社会关系之一，村干部与村民之间的干群关系在林权改革实施、提高农户林地产权安全感知方面的作用不容忽视。但遗憾的是，现有研究似乎没有把干群关系纳入农户林地产权安全感知影响因素的分析框架。

滇桂黔石漠化片区是珠江、长江流域的重要生态功能区，集贫困与生态脆弱为一体，林地资源保护以及林业生态建设对于该区域石漠化治理、经济发展及脱贫增收等有非常重要的作用，而集体林权制度改革能否给农户带来林地权利的改善从而提高农户的林地产权安全，是影响农户参与石漠化林地资源保护与林业生态建设行为的重要因素。本研究结合新一轮集体林权制度改革的制度背景，利用广西河池市凤山县 549 份农户的调研数据，运用有序 Logit 模型（简称 Ologit 模型）估计林权改革变量、干群关系及其交互项对石漠化地区农户林地产权安全感知的影响，为完善石漠化地区的林权制度改革、提高石漠化地区农户的林地产权安全感知，进而引导该地区农户参与石漠化林业治理、合理利用林地资源、促进石漠化地区的可持续发展，提供参考借鉴。

5.1 理论分析

5.1.1 农户林地产权安全感知的界定

如前所述，当前对农户林地产权安全感知并没有相对统一的定义和测度方法。有学者指出，林地产权不安全的主要来源于两个方面：一是国家层面因经济发展、城市化建设或生态保护等原因引发的林地低价或无偿征用行为，以及法律制度不完善、政策执行不到位等问题（吉登艳，2015）。二是村集体层面因人口变化或其他各种理由对林地进行频繁的调整（Yi，2003；戴广翠、徐晋涛等，2002）。因此，现有文献多用"农户对林地未来被调整的风险预期"以及"农户对林地未来被征用的风险预期"这两个方面来定义和衡量农户的林地产权安全感知（吉登艳，2015）。但本研究认为，农户卷入私人层面的林权纠纷也是林地产权不安全的重要来源。研究表明，农户层面的林权纠纷主要发生在林业"三定"及新一轮集体林权制度改革期间，其中以林地界线纠纷为主（董加云、刘伟平等，2017）。一方面，历史上林业"三定"、荒山拍卖、谁造谁有等政策实施过程中引发的一些纠纷没有彻底解决，延续至新一轮集体林权制度改革时期。另一方面，新一轮集体林权制度改革在进行主体改革的过程中，打破原有的多元化集体林权主体的利益分配格局，势必带来新的纠纷（董加云、刘伟平等，2017）。在本研究的调研区域，新一轮集体林权制度改革期间就曾发生过大面积林权证错发的情况，最后只能将已经发放的林权证收回作废，重新发证，导致当地林权制度改革进展缓慢。基于林权纠纷长期性、复杂性和反复性的特点（董加云、刘伟平等，2017；朱冬亮、程玥等，2009；卫望玺、谢屹等，2016），其存在可能会弱化农户的林地产权安全感知，从而影响农户的林地利用行为决策。因此，本研究在吉登艳（2015）的基础上，把农户的林地产权安全感知分解为农户对林地未来被调整的风险预期、农户对林地未来被征用的风险预期以及农户对林地未来发生林权纠纷的风险预期三个方面。

5.1.2 林权改革如何影响农户林地产权安全感知

正式制度通过信息可用性、土地权属划分以及国家权力机关法律保护等三个方面对土地产权安全性产生影响（饶芳萍，2015）。其中，通过土地登记获得正式法律认可来提高土地产权安全性是目前公认的最重要、最普遍的形式（Broegaard，2005）。新一轮集体林权制度改革试图通过赋予农户更完整的林地权利来提高农户的林地产权安全感知。与农地类似，林地确权过程中要对相应的林地财产信息、四至边界以及权利归属情况等信息进行收集和登记，核发具有法律保护的林权证书。林权证书是农户维护其林地利用权利及确保其林地经营收益的重要凭证，不仅明确了农户林地的边界和权利，还可以对抗第三方的非法侵权和占有行为，降低林地使用过程中的不确定性，从而强化农户的林地产权安全感知。但也有学者表明，林权证书作用的发挥受到制度实施环境的影响（Brandt etal.，2004）。值得注意的是，林地确权过程中采用的确权方式不同，可能会引起相关经济主体的利益分配矛盾，因而也有可能对农户的林地产权安全感知产生差异化的影响。例如，林地均山到户明确了农户与林地对应的权属关系，农户可根据意愿自由决定林地的经营和管护。但均山到户导致的林地细碎化可能会增加其营林成本及抗灾风险（廖俊、韦锋等，2017）。相比之下，均股均利确权方式的优势体现为可实现林地的集约化经营管理、较高的自然风险抵御能力以及缓解因"四至不清"而导致的邻里矛盾，但均股均利模式下农户与林地之间的权属关系模糊，弱化了农户对林地的排他权、处置权（廖俊、韦锋等，2017）。

5.1.3 干群关系如何影响农户林地产权安全感知

林改政策的落实与实施离不开政府、农村基层组织以及村民之间的联系互动。农村基层组织作为连接政府与农户的中间枢纽，村干部在其中起到了重要的桥梁作用（何凌霄、张忠根等，2017）。研究表明，村干部及其与村民之间形成的良好干群关系对农村基础设施管护、征地补偿等工作的开展非常有利（张童朝、颜延武等，2020）。良好的干群关系可以畅通农户与村干部之间的信息沟通，建立彼此信任的关系，对村干部的信任也被视为制度信任（赵连杰、南灵等，2019）。新一轮集体林权制度改革政策的落实不仅需要政府层面的统筹规划和落实，还需要农村基层组织等层面主动对接制度规则。在石漠化地区林权制度改革过程中，为保证制度的民主性，村民小组的林改方案采取了一村一策、一组一案的方式，历经"村民小组拟订方案——村级领导小组初审——村民小组补充完善——村民（代表）会议表决——上级政府审批"等流程。在此过程中，村干部及其与村民之间的干群关系扮演了非常重要的角色。其作用机制在于：一方面，作为关键乡村精英的村干部内嵌于乡村熟人社会之中，其思想和行为对村民具有直接的示范效应，进而在动员农户参与林权改革等方面具有天然优势。另一方面，良好的干群关系有利于村干部对国家林改政策的宣传，建立在良好干群关系基础上的高度信任也增加了农户对林改政策的认同，进而提高农户的林地产权安全感知。

5.1.4 干群关系对林权改革的调节作用

如前所述，通过林权改革进行确权登记、颁发林权证书能否有效提高农户的林地产权安全感知，受到制度实施环境的影响（Brandt etal.，2004）。由于林权制度改革涉及面广、难度大、进度快等，政策实施过程中法律执行不到位、勘界错误、发证缓慢、非法征用、寻租和腐败等情况时有发生。制度环境不完善导致法律规定与实际执行情况存在偏差，在一定程度上弱化了农户对林地产权安全的感知。在正式制度不完善的情况下，非正式制度可以作为有力补充（饶芳萍，2015）。干群关系可能会影响相关政策在农村地区实施效果和执行程度（张童朝、颜廷武等，2020）。基于此，本研究认为干群关系对林改政策的实施效果和执行程度有一定的调节作用，基于高度信任的良好干群关系可以增加农户对林改政策的认同感，弥补制度环境不足所导致的林地法律产权安全与事实产权安全存在偏差，从而提高农户的林地产权安全感知。

5.2 模型设计、变量定义与描述性统计

5.2.1 模型设计

在本研究中，被解释变量农户的林地产权安全感知为有序变量，因此可采用有序 Logit 模型（简称 Ologit）进行模型估计。农户林地产权安全感知基准模型设定如下：

$$Y_i = \alpha_0 + \beta F_i + \gamma T_i + \pi \sum X_i + \varepsilon_i \qquad (5-1)$$

其中，Y_i 为农户 i 的林地产权安全感知，F_i，T_i 为本书重点关注的解释变量，分别代表林权改革变量、干群关系变量，X_i 代表一系列控制变量，ε 为残差值。

5.2.2 变量定义

5.2.2.1 被解释变量

如前文所述，农户的林地产权安全感知分解为农户对林地未来被调整的风险预期、农户对林地未来被征用的风险预期以及农户对林地未来发生林权纠纷的风险预期三个方面。对于每一项风险预期的赋值为：0（未来林地有可能被调整、被征用或发生纠纷），表示林地产权不安全；1（不确定林地未来是否被调整、被征用或发生纠纷）；2（林地未来不可能被调整、被征用或发生纠纷），表示林地产权安全。

5.2.2.2 核心解释变量

（1）林权改革变量。

本研究的目的是解释新一轮林权制度改革对石漠化地区农户林地产

权安全感知的影响，林权改革变量主要考量石漠化地区林权制度改革的政策执行情况。新一轮林权制度改革主要是通过对林地确权颁证来赋予农户更完整的林地产权，从而提高农户的林地产权安全。因此，首先考虑林权证发放对石漠化地区农户林地产权安全感知的影响，以农户是否持有林权证（持有赋值为 1，否则赋值为 0）来表示。如前文所述，农户持有林权证书可以减少其在使用林地过程中的不确定性，提高农户对林地产权安全的感知，因此预期林权证对农户林地产权安全感知的影响为正。土地确权是保障农户农地权益的有效途径，但具体的确权方式对农户土地产权的保障程度又有差异性（张雷、高名姿等，2015）。因此，本研究同时考虑了林地的确权方式对农户林地产权安全感知的影响。调研区域在林改过程中根据林地的石漠化程度及管护难易程度，因地制宜地采用了"确权到集体，均利到户""股份均山到户""直接均山到户"等三种确权方式，本研究把前两种确权方式统称为"均股均利到户"形式。若农户家林地的确权方式以"均股均利到户"为主，则对其赋值为 0；若农户家林地的确权方式以"均山到户"为主，则赋值为 1。根据前面的理论分析，预测确权方式对农户林地产权安全感知的影响为不确定。

（2）干群关系。

林改政策在农村社区的实施受到农村社会关系的限制。如前所述，良好的干群关系对推进林权制度改革，提高农户的产权安全感知有重要的促进作用。本研究以"农户对村干部的信任"等来衡量干群关系，采用李克特五点计分法，1=很不信任，2=较不信任，3=一般，4=较信任，5=很信任。信任是社会资本的重要组成部分，已有研究证实了信任对公众环境治理行为的改善作用，制度信任在一定的法律、政治环境中产生，并形成一种内在的"软约束"，有利于建立信息共享机制和合作关系（何可、张俊彪等，2015）。农民对村干部的信任可以降低环境保护政策的实施成本（张方圆、赵雪雁等，2013），通过农户对村干部的信任可以很好地体现制度信任机制（张莅芸、谭康荣等，2005）。此外，有研究表明农户对村干部的信任强化了农户土地产权安全感知(饶芳萍,2015)。因此，预期干群关系正向影响农户林地产权安全感知。

5.2.2.3 控制变量

考虑到农户的林地产权安全感知还受到农户个人特征、家庭特征、林地特征及村级特征等因素的影响，因此在模型中把这些因素作为控制变量加入。

5.2.3 描述性统计分析

变量定义及描述性统计分析如表 5-1 所示。从表中可以看出，样本农户对林地未来被调整的风险预期、林地未来被征用的风险预期以及林地未来发生林权纠纷的风险预期均值分别为 1.033、1.228、1.111，说明样本农户的林地产权安全感知总体水平不高。样本农户中有 83.2%获得了林权证书，林地确权变量的均值为 0.911，说明调研区域的林地确权主要以均山到户为主，均股均利为辅。干群关系变量的均值为 4.013，表明样本区域的干群关系较好，农户对村干部的信任度较高。户主个人及家庭特征变量中,样本以男性为主,占比约 72.9%。户主平均年龄约 48 岁，平均受教育年限约为 8 年。家庭劳动力占比平均 64%，家庭非农就业劳动力平均为 1.084 个，2018 年家庭林业收入均值约为 6761 元。样本农户家庭经历林地调整的次数平均为 0.63 次，有 3.8%的样本农户经历过林地纠纷。在林地特征中，林地面积平均为 29.65 亩，林地地块平均约为 9 块,表明农户的林地经营规模为中等规模,林地的细碎化程度较高。林地石漠化程度均值为 3.251，说明林地的立地条件较差。林地距离的均值为 2.444 千米。此外，在村庄环境中，村中心到最近乡镇的平均距离为 12.93 千米，村庄人均纯收入的均值约为 8313 元，村生态林比例平均为 49.74%。

表 5-1 变量定义、描述性统计及预期影响方向

变量类型	变量名	变量定义及单位	均值	标准差
被解释变量：林地产权安全感知	林地调整风险预期	林权证到期后林地被调整的可能性判断：0=有可能；1=不确定；2=不可能	1.033	0.597
	林地征用风险预期	未来5-10年林地被征用的可能性判断：0=有可能；1=不确定；2=不可能	1.228	0.617
	林地纠纷风险预期	林地未来发生纠纷的可能性判断：0=有可能；1=不确定；2=不可能	1.111	0.662
核心解释变量	林权证	是否持有林权证：0=无；1=有	0.832	0.374
	确权方式	林地的确权方式：0=均股均利到户为主；1=均山到户为主	0.911	0.285
	干群关系	对村干部的信任：1=很不信任；2=较不信任；3=一般；4=较信任；5=很信任	4.013	0.791
控制变量				
户主特征	户主性别	0=女性；1=男性	0.729	0.445
	户主年龄	岁	47.66	9.290
	户主受教育水平	户主的受教育年限（年）	7.628	2.325
	户主是否村干部	1=是；0=否	0.046	0.209
家庭特征	家庭林业收入	2018年家庭林业收入	6761	3151
	家庭劳动力占比	家庭劳动力数/家庭总人数	0.640	0.224
	非农就业劳动力*	根据家庭从事非农就业的劳动力折算为标准劳动力	1.084	0.748
	家庭林地调整经历	次	0.630	0.742
	家庭林地纠纷经历	1=有；0=无	0.038	0.192
林地特征	林地总数	亩	29.65	14.77
	林地地块数	块	9.384	4.354
	林地土壤质量	1=低；2=中；3=高	2.202	0.617
	林地石漠化程度	1=极重度；2=重度；3=中度；4=轻度；5=潜在石漠化	3.251	0.966
	林地离家距离	公里	2.444	1.711

续表

变量类型	变量名	变量定义及单位	均值	标准差
村级特征	到乡镇的距离	公里	12.93	7.164
	村经济水平	村人均纯收入	8313.661	661.131
	村生态林比例	村生态公益林面积占村总林地面积的比例（%）	49.74	16.98

注：*参考马贤磊现相关文献。根据家庭从事非农就业的劳动力折算为标准劳动力，折算系数为：在外务工年平均时间大于 9 个月设为 1，在 6 至 9 个月间设为 0.75，在 4 至 6 个月间设为 0.5，小于 3 个月设为 0.25。

5.3 实证检验及结果分析

5.3.1 农户林地产权安全感知基准模型回归结果

运用 Stata15.0 统计软件对模型进行实证检验，为避免自变量强相关性造成的估计偏差，在回归之前先对模型中自变量的方差膨胀因子进行了计算，结果显示模型中选用的自变量的 VIF 值为 1.7，远小于 10，表明模型不存在明显的共线性问题。此外，在实证中对家庭林业收入、村经济情况变量进行对数化处理。表 5-2 汇报了石漠化地区农户林地产权安全感知基准模型的 Ologit 估计结果。

表 5-2 基准模型估计结果

变量类型	变量名	(1) 林地调整风险预期	(2) 林地征用风险预期	(3) 林地纠纷风险预期
核心解释变量	林权证	0.466(0.434)	0.292(0.342)	1.228***(0.361)
	确权方式	1.390**(0.646)	1.249**(0.515)	1.562***(0.473)
	干群关系	0.220*(0.115)	0.239*(0.122)	0.282**(0.125)
户主特征	户主性别	1.591***(0.421)	1.863***(0.384)	1.350***(0.334)
	户主年龄	−0.004(0.011)	0.008(0.012)	0.0255**(0.011)
	户主受教育水平	0.076(0.048)	0.085*(0.047)	0.134***(0.046)
	户主是村干部	0.131(0.641)	−0.257(0.785)	0.726(0.624)

续表

变量类型	变量名	(1) 林地调整风险 预期	(2) 林地征用风险 预期	(3) 林地纠纷风险 预期
家庭特征	家庭林业收入对数	−1.306***(0.266)	−1.190***(0.272)	−0.203(0.292)
	家庭农业劳动力占比	0.889**(0.435)	0.766(0.467)	0.563(0.443)
	家庭非农就业劳动力	0.198(0.144)	0.004(0.157)	0.217(0.138)
	经历的林地调整次数	−0.163(0.152)	−0.172(0.153)	−0.163(0.149)
	经历的林地纠纷次数	−1.170**(0.593)	−0.812(0.668)	−0.571(0.666)
林地特征	林地总数	0.004(0.010)	−0.010(0.009)	−0.023(0.010)
	林地地块数	0.024(0.026)	0.077***(0.026)	−0.022(0.027)
	林地土壤质量	−0.835***(0.206)	−0.363*(0.185)	−0.461**(0.214)
	林地石漠化程度	−0.203(0.138)	−0.483***(0.121)	−0.167(0.137)
	林地离家距离	0.120(0.079)	0.248***(0.073)	0.038(0.072)
村庄特征	村到乡镇距离	0.051**(0.022)	0.0002(0.019)	0.068***(0.021)
	村经济水平	−1.142*(0.596)	−0.573(0.593)	1.700***(0.525)
	村生态林比例	−0.046***(0.011)	−0.035***(0.009)	−0.082***(0.010)
	伪最大似然率对数	−414.585	−412.942	−430.914
	伪 R^2	0.153	0.178	0.199

注： *** $p<0.01$, ** $p<0.05$, * $p<0.1$。

5.3.1.1 林权改革变量的影响

在林权改革变量中，拥有林权证对农户林地产权安全感知的三个方面均有正向影响，但仅在林地纠纷风险感知模型中显著为正。可能的解释是，作为农户拥有林地和林木的合法权属证书，林权证确切地提供了与财产所有者、使用者以及财产标的有关的信息，给持证人的林地权益提供了法律保护，其颁发使农户拥有对抗他人非法侵权行为的凭证，这有助于强化农户的林地产权安全感知。但由于广西新一轮集体林权制度改革实施较晚，实施过程过于仓促，主体改革不够扎实，改革过程中存在林权证界限不清、面积不准、错（漏）证、档案不齐全及林权证发放程序不规范等问题，部分已经发放的林权证收回作废再重新发放，林权证发放进度缓慢、比例不高，不够完善的林权改革制度体系在一定程度上弱化了林权证对农户林地产权安全感知的影响。2017 年广西印发了《关于开展集体林地林权证发放查缺补漏纠错工作的通知》，提出要在 5 年内完成查缺补漏纠错工作，提高林权证的发放比例。查缺补漏纠错工作至今尚未完成，部分林权证尚未发放到位，这可能是在调整风险预期模型和征用风险预期模型中林权证的作用为正但不显著的原因。确权方式在三个风险预期模型中均显著为正，意味着相对于均股均利到户，均山到户的确权方式更能提高农户的林地产权安全感知。这主要是因为均山到户的确权方式建立了农户与林地之间清晰的权属对应关系，农户对林地拥有更充分的使用权、经营权和处置权，由此带来的产权安全感知更高。

5.3.1.2 干群关系的影响

以农户对村干部的信任为代表的干群关系在三个模型中也显著为正，表明对村干部信任的农户比其他不信任的农户拥有更高的林地产权安全感知。农户对村干部的信任降低了林改政策等相关信息的传递成本，并在村内部形成一种可靠的非正式制度。建立在高度信任基础上的良好干群关系促使农户愿意通过村干部更好地熟悉、理解和认同政府的林改政策，从中获取政策支持和技术指导（何可、张俊彪等，2015），降低了农户对各种风险与不确定性的预期，从而大大提升了林地产权安全感知。

5.3.1.3 其他控制变量的影响

由表 5-2 可见，户主特征变量中，在户主年龄在调整风险模型中负向不显著，说明年龄大的农户可能有更多的林地调整经历，因而感知林地产权不安全。但在林地征用风险感知模型与林地纠纷感知模型中的影响为正，且在林地纠纷感知模型中通过了 5%的显著性检验，这与预期不一致。可能的解释是，随着年龄的增大，农户对土地的依附力也逐渐加强，反而有可能强化其对林地的产权安全感知。户主受教育水平在三个模型中均为正，且在林地征用风险模型和林地纠纷风险模型中分别通过了 10%、1%的显著性检验，说明农户受教育水平越高，越能更好地理解和接受林改政策，从而感知林地产权更安全。户主为村干部更容易获取相关政策信息及社会资源，因而有更高的林地产权安全感知。

在家庭特征变量方面，家庭林业收入负向显著影响农户的林地调整风险预期及林地征用风险预期，表明林业收入越高，农户对林地的依赖越大，越害怕因林地调整或征用而失去林地。家庭农业劳动力占比正向显著影响农户对林地未来被调整的风险感知，说明劳动力较多的家庭对林地的保护更强，更倾向于认为林地不可能发生调整。林地调整及林地纠纷经历在三个模型中的影响均为负，但只有林地纠纷经历变量在林地调整风险模型中通过了 5%的显著性检验，表明林地调整及林地纠纷经历可能会降低农户的林地产权安全感知，但这种影响在模型中比较有限，可能是因为调研区的样本农户经历的林地调整次数较少，曾经历林地纠纷的人数并不多。

在林地特征变量方面，林地地块数林地征用风险模型中的影响为正，且通过 1%的显著性验证，表明较多的地块数分散了林地被整体征用的风险，反而在一定程度上强化了农户的林地产权安全感知。林地土壤质量在三个模型中的影响为负且均通过显著性检验，林地石漠化程度负向显著影响农户的林地征用风险预期，说明土地质量越好、石漠化程度越低的林地，农户越担心林地被调整、征用或发生纠纷，从而弱化其林地产权安全感知。

在村级特征变量方面，村离最近乡镇的距离在三个模型中的影响为正，且在林地调整风险模型与林地纠纷风险模型中分别通过了 5%和 1%

的显著性验证，表明距离乡镇越远的村庄因经济发展需要而发生林地调整或征用的可能性越低，因而提高了农户的林地产权安全感知。村经济水平变量负向影响农户的林地调整风险预期以及林地征用风险预期，且在林地调整风险预期模型中通过 1%的显著性检验。可能的解释是，经济发展越好的村庄，越有可能面临因发展经济而调整或征用林地的风险，从而弱化农户对林地的产权安全感知。但同时，村经济水平变量正向显著影响农户的林地纠纷风险预期，表明经济发展条件较好的村庄，其林权改革政策落实可能更充分更民主，因而农户预期林地发生纠纷的可能性不大。村生态林比重在三个模型中的影响显著为负，可能原因在于，在生态林比例高的村庄，农户对被划为生态公益林的林地没有实际的使用权、经营权和处置权，除享受国家生态林补贴外，无法通过经营林地获取其他营林收入，从而降低了农户的林地产权安全感知。

5.3.2 干群关系对林改政策的调节效应检验

上文发现正式制度环境与以信任为基础的干群关系均对农户林地产权安全有正向显著影响。随之而来的问题是，干群关系是否会影响正式制度环境对农户林地产权安全感知的作用？为了考察干群关系对新一轮林改政策在石漠化地区实施的调节作用，本研究在 OLogit 模型中加入了干群关系与林改制度规则的交互项进行估计，检验结果如表 5-3 所示。在加入了干群关系与正式制度环境变量的交互项后，三个风险预期模型的伪 R^2 较未加入交互项前均有显著变化。干群关系与林权证的交互项在三个感知模型中均为正向不显著，干群关系与确权方式的交互项在林地调整风险感知模型和林地纠纷风险感知模型中均通过了 1%的显著性检验。综合模型中伪 R^2 及交互项在模型中的系数显著性，可以认为干群关系对林改政策的实施有较好的调节作用。但同时也要注意，制度信任机制在提高农户林地产权安全感知方面发挥的作用并不总是尽如人意。可能的解释是当前农村治理逐渐扁平化，一些国家补贴政策，如生态林补贴、造林补贴等直接绕过村集体惠及农户，直接对农户产生影响，在一定程度上削弱了农户与村民小组、村级组织之间的联系，进而弱化了干群关系的调节作用。

表 5-3 干群关系的调节效应检验结果

变量类型	变量名	(1) 林地调整风险感知	(2) 林地征用风险感知	(3) 林地纠纷风险感知
核心解释变量	林权证	0.275(0.454)	0.246(0.353)	1.088***(0.373)
	确权方式	1.122(0.706)	1.193**(0.525)	1.574***(0.518)
	干群关系	0.293**(0.124)	0.265**(0.134)	0.359***(0.129)
交互项	干群关系*林权证	0.469(0.515)	0.0373(0.501)	0.280(0.459)
	干群关系*确权方式	2.086***(0.712)	0.637(0.854)	2.184***(0.576)
户主特征	户主性别	1.598***(0.442)	1.856***(0.387)	1.517***(0.363)
	户主年龄	−0.011(0.012)	0.007(0.012)	0.019*(0.011)
	户主受教育水平	0.086*(0.049)	0.081*(0.047)	0.147***(0.047)
	户主是村干部	−0.066(0.561)	−0.300(0.755)	0.482(0.559)
家庭特征	家庭林业收入对数	−1.187***(0.282)	−1.172***(0.280)	−0.079(0.302)
	家庭劳动力占比	0.869**(0.439)	0.774*(0.470)	0.570(0.447)
	家庭非农就业劳动力	0.224(0.146)	0.004(0.158)	0.217(0.135)
	经历的林地调整次数	−0.186(0.160)	−0.178(0.159)	−0.161(0.155)
	经历的林地纠纷次数	−0.959(0.645)	−0.724(0.694)	−0.409(0.640)
林地特征	林地总数	0.001(0.011)	−0.011(0.009)	−0.024**(0.010)
	林地地块数	0.032(0.026)	0.079***(0.026)	−0.015(0.027)
	林地土壤质量	−0.810**(0.204)	−0.353*(0.185)	−0.505**(0.212)
	林地石漠化程度	−0.192(0.138)	−0.477***(0.123)	−0.188(0.140)
	林地离家距离	−0.100(0.077)	0.256***(0.0749)	0.069(0.074)
村庄特征	村到乡镇距离	0.049**(0.023)	0.0005(0.020)	0.064***(0.022)
	村经济水平	−1.218*(0.646)	−0.607(0.597)	1.791***(0.537)
	村生态林比例	−0.045***(0.012)	−0.035***(0.010)	−0.088***(0.011)

变量类型	变量名	(1) 林地调整风险感知	(2) 林地征用风险感知	(3) 林地纠纷风险感知
	伪最大似然率对数	−407.204	−412.269	−422.733
	伪 R^2	0.168	0.180	0.215

注： *** $p<0.01$，** $p<0.05$，* $p<0.1$。

5.4 稳健性检验

为检验 Ologit 模型的稳健性，一是采用 Oprobit 方法对模型重新进行估计，表 5-4 中第（1）（3）（5）栏是采用 Oprobit 方法对基准模型重新估计的结果，第（2）（4）（6）是加入了林权改革与干群关系的交互项后再采用 Oprobit 方法重新估计的结果；二是采用更换被解释变量的方法，对林地调整风险预期、林地征用风险预期以及林地纠纷风险预期三个变量进行加权平均，得到农户的林地产权安全感知综合值，再用这个综合值作为被解释变量来对模型进行重新估计，结果如表 5-4 中第（7）（8）栏所示。表 5-4 结果显示，林权改革变量、干群关系及两者的交互项在模型中的表现与 Ologit 模型中基本一致，说明模型具有较好的稳健性。

表 5-4 稳健性检验结果

解释变量	林地调整风险感知		林地征用风险感知		林地纠纷风险感知		林地产权安全感知	
	(1)	(2)	(3)	(4)	(5)	(6)	(7)	(8)
核心解释变量								
林权证	0.184	0.095	0.193	0.162	0.666***	0.572***	0.468**	0.372**
	(0.215)	(0.227)	(0.181)	(0.183)	(0.203)	(0.209)	(0.182)	(0.187)
确权方式	0.669**	0.563*	0.716***	0.679**	0.876***	0.834***	0.819***	0.750***
	(0.284)	(0.306)	(0.260)	(0.267)	(0.247)	(0.269)	(0.239)	(0.249)

续表

解释变量	林地调整风险感知		林地征用风险感知		林地纠纷风险感知		林地产权安全感知	
	(1)	(2)	(3)	(4)	(5)	(6)	(7)	(8)
干群关系交互项	0.141** (0.066)	0.169** (0.069)	0.143** (0.067)	0.152** (0.070)	0.167** (0.070)	0.206*** (0.073)	0.173*** (0.062)	0.209*** (0.065)
干群关系*林权证		0.197 (0.274)		0.064 (0.252)		0.183 (0.248)		0.151 (0.237)
干群关系*确权方式		1.076*** (0.360)		0.333 (0.367)		1.208*** (0.328)		1.160*** (0.332)
控制变量	控制	控制	控制	控制	控制	控制	控制	控制
伪最大似然率对数	−416.993	−409.865	−415.273	−414.562	−432.426	−424.578	−811.916	−801.703
伪 R^2	0.147	0.162	0.174	0.175	0.196	0.211	0.111	0.122

注： *** $p<0.01$, ** $p<0.05$, * $p<0.1$。/ 表示模型中未使用该变量。

5.5 本章小结

新一轮林权制度改革旨在赋予农户更完整的林地权利，以形成农户对林地产权的稳定预期，促进农户参与林业经营与林业生态治理。农户对一项政策的行动响应往往取决于其对政策本身的认知。在新一轮集体林权制度改革的背景下，农户对林地产权安全的感知情况是决定其是否参与石漠化林业治理的关键因素。了解农户林地产权安全感知的形成机理和影响因素，有助于提高其产权安全感知，进而促进农户积极参与石漠化林业治理。本章首先从理论上解释新一轮集体林权制度改革对农户林地产权安全感知的影响机制，把农户林地产权安全感知细分为林地调整风险感知、林地征用风险感知以及林地纠纷风险感知三个方面，基于广西河池市凤山县的调研数据，运用 Ologit 模型估计了林权改革变量、干群关系及其交互项对石漠化地区农户林地产权安全感知的影响。研究发现，第一，林地确权颁证在一定程度强化了农户的林地产权安全感知，林权证作为农户保护林地权益的有效凭证，尤其显著地降低了农户对未来林地发生纠纷的不确定性。但可能受到林改政策在石漠化地区实施的制度环境影响，林权证的强化作用在石漠化地区的发挥仍比较有限。在林地确权的具体方式方面，均山到户模式下农户与林地的权属关系更加清晰，农户对林地拥有更充分的使用权、经营权和处置权，由此带来的产权安全感知更高。第二，以农户对村干部信任为代表的干群关系显著地提高了农户林地产权安全感知的三个方面，农户对村干部的信任建立了良好的制度信任，增加了农户对林权改革政策的认同感。第三，在模型中引入干群关系与林权改革变量的交互项后发现，干群关系对林改政策的实施有一定的调节作用，但这种调节作用在当前农村治理扁平化、农户与村级组织之间关系有所疏离的背景下被弱化。上述结论表明，进一步完善林权改革制度并以良好的干群关系来保障制度政策的实施，可能是提高农户林地产权安全感知的一种新途径。

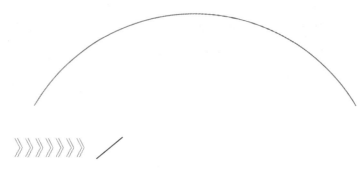

6　　林地产权对农户参与
　　人工造林行为的影响分析

新一轮集体林权制度改革通过明晰林地产权关系，赋予农户更安全和更完整的林地权利，影响农户的预期，激励和提高农户的造林热情及造林投入，进而对森林生态系统产生影响（侯一蕾，2015）。张颖（2014）通过对浙江、福建、山东、辽宁、江西、河南和甘肃等7省的农户调查数据研究发现，新一轮集体林权制度改革后，农户的营林积极性高涨，森林生态环境问题有了很大的改善。但由于集体林权制度改革的效果具有一定的区域情景依赖，在石漠化地区，受到集体林权制度改革实施的具体方案、农户认知与接受程度以及石漠化地区经济发展水平、林地资源禀赋等各方面因素的影响，林权改革所带来的林地产权安全性与产权完整性的变化对农户参与造林的激励作用仍有待验证。

在石漠化地区，由于立地条件的特殊性以及生态保护等方面的需求，基于石漠化治理以及发展经济、增加农民收入的目的，地方政府往往通过选择生态效益和经济效益兼优的适宜树种发展特色种植项目来引导农户进行人工造林。例如，在本研究的调研区广西河池凤山县，主要把发展核桃种植作为石漠化治理的典型模式和脱贫攻坚的重要项目。作为林地的直接使用者，农户对这些特色造林项目的参与直接决定石漠化林业治理的效果。本章基于新一轮集体林权制度改革和石漠化综合治理的背景，以广西凤山县核桃造林项目为例，重点研究林地产权对农户参与人工造林行为的影响，一方面，验证新一轮集体林权制度改革在是石漠化地区的实施效果；另一方面，为探讨农户石漠化林业治理的有效参与机制提供决策参考。

6.1 理论分析与研究假设

如前所述，由于森林资源资产专用性强、林业经营周期长、投资回报慢等特征的存在，农户进行林业经营和保护面临较高的成本和风险，因此要求林地产权安排必须具备一定的完整性和安全稳定性。新一轮集体林权制度改革旨在赋予农户安全稳定的林地产权，为农户构建兼具排他性和完备性的集体林产权结构，以此影响农户的收益预期和行为决策，从而对森林资源产生影响（何文剑，2019）。安全稳定的林地产权以及完整的林地产权有助于建立农户参与林业经营和林地保护的激励机制。因此，本研究的着重点在于从林地产权安全性和林地产权完整性这两个方面来研究集体林权制度改革后的林权变化对农户参与人工造林行为决策的影响。

从林地产权的安全性来看，安全稳定的产权对激励农户投入至关重要（Jacoby etal.，2002；吉登艳，2015；杨扬，2018）。安全且稳定的林地产权减少了农户的毁林行为与森林退化现象（De Oliveira，2008；Paneque-Gálvez etal.，2013），显著提高了农户的造林积极性（Xie etal.，2013；Yi，2014）。这是因为，与农地相比，林地上的投资周期更长、所需规模更大，因而所面临的不确定性投资风险也更高（罗必良等，1996），对林地产权的稳定和保护更重要。人类不合理的开发与利用是造成林地资源与环境保护问题的根源，而不合理的甚至是缺位的产权制度安排则是导致这一问题的根本（罗必良等，1996）。林地产权安全建立有利于降低由于不确定性而带来的风险，提高农户的预期收益，从而为农户建立起一种良好的收益保障机制（张振环，2016）。林地产权安全的收益保障功能又进一步对农户的林地投资产生激励作用，诱导农户通过生产性努力来获得收益最大化（罗必良，1996），促进其在林地上的合理投资和保护行为。相反，如果林地产权安排不能给农户带来足够安全稳定的预期保障，那么林地产权所具备的投资激励功能和收益保障功能就大打折扣，导致的后果就是农户不会轻易地对林地进行投资和保护，反而有可能增加对林地资源的滥用和生态环境的破坏行为。基于此，提出本章的第一个研究假设：

假设1：林地产权安全性越高，农户为参与人工造林投入资金和劳动力的可能性以及投入水平更高。

从林地产权完整性来看，理论上林改赋予农户的林地产权主要由使用权、处置权和收益权等权利束构成。但在现有研究中，对林地产权结构的界定和测度仍没有统一的论断。比较一致的观点是，新一轮集体林权制度改革后林地的使用权、流转权、抵押权是目前影响农户进行林业经营和保护的最重要的权利要素（Li et al.，2000；孙妍，2008；吉登艳，2015；杨扬，2018；任洋，2018）。因此，本研究参考现有文献的做法，以林地使用权、流转权和抵押权作为林地产权结构的代理变量，探讨林地产权完整性对农户参与人工造林的影响。

林地使用权（如农户林地拥有权、能够自主选择林种树种、转换林地用途等）决定了农户作为林地经营主体的行为空间，是农户进行林业经营和林地保护活动的基础和资源条件（任洋，2018）。林地使用权具有保障林业生产收益、促进农户林地投资的激励作用（Yi，2011；Yi et al.，2014；吉登艳，2015；任洋，2018）。当拥有稳定和完整的林地使用权时，农户可以依据自身资源禀赋以及林地资源状况，及时调整生产要素组合，优化投资结构以获得更高的投资回报率，从而更愿意增加对林地的投资；相反，当农户的林地使用权受限较多时，农户的林地经营空间受到限制，也会限制其对林地投资的积极性。基于此，提出本章的第二个研究假设：

假设2：农户的林地使用权越完整，其为参与人工造林投入资金和劳动力的可能性以及投入水平越高。

林地的自由流转有利于实现集体林资源的优化配置（罗必良，2015）。完整的林地流转权通过"实现效益"对农户的林地投资产生影响（Besley，1993）。这是因为，赋予农户完善的流转权意味着农户能以林地或林木作为资产性资源进行流转并从中获得投资回报（马贤磊，2008；Liu C et al.，2017），自由的林地流转权还可将农户未来的林产品收获随时变现，从而减少林地投资的不确定性，提高农户未来的预期收益（杨扬，2018），进而激励农户投资林地、减少对森林资源的破坏（张英等，2012；何文剑，2019）。基于此，提出本章的第三个研究假设：

假设3：*农户的林地流转权越完整，其为参与人工造林投入资金和劳动力的可能性以及投入水平越高。*

完整的林地抵押权是农户获得林权抵押贷款的保障（何文剑，2019）。基于林业生产周期较长、投资回报慢的特点，农户进行林业经营往往需要占用较多的资金，而农户由于缺少抵押物而导致的融资难、融资贵等信贷约束是影响农户投资意愿和经营规模的重要因素。理论上，林地具备价值稳定、不易转移、持续获利等优势抵押品的特点（孙妍，2008），集体林权制度改革通过明确林权权属赋予林地经营权抵押、担保的功能，提高了林地作为抵押品的价值，进而提高了农户的信贷获得能力。但在现实中，农户的林地抵押权往往与其林权抵押贷款的可得性高度相关（何文剑，2014a），当对农户进行林权抵押的林木树龄、林地面积等进行限制时，意味着农户的林地抵押权受到了限制，是不完整的，林权抵押贷款门槛的存在限制了农户的信贷可得性，导致农户面临的营林资金约束无法解决，从而限制了农户增加造林投资或扩大经营规模的意愿（何文剑，2014b）。相反，当放松对农户的林权抵押贷款约束，赋予农户完整的林地抵押权时，可以确保农户在不失去林地的同时解决生产投入的资金约束（曾维忠、蔡昕，2011），激励农户加大造林的投入（Yi etal.,2014；何文剑等，2014b）。基于此，提出本章的第四个研究假设：

假设4：*农户的林地抵押权越完整，其为参与人工造林投入资金和劳动力的可能性以及投入水平越高。*

6.2 模型设计、变量定义与描述性统计

6.2.1 模型设计

由于现实中受到不同的家庭特征、林地资源禀赋以及村庄环境等的影响，农户是否参与人工造林、人工造林数量的多少等决策存在差异，

因此有理由认为农户人工造林的参与决策与人工造林的数量决策受具体因素影响的机制可能不同。采用一般的 Probit 或 Tobit 方法对农户人工造林的参与决策或人工造林数量决策进行估计显然不能很好地区别两种决策机制之间的差异。Cragg（1971）提出的 Double Hurdle 模型通过把决策过程进行分解，可以很好地区分这种决策机制的不同。 Double Hurdle 模型放松了 Tobit 模型的假设条件，允许个体决策的两阶段可以有不同的估计系数，因而具有更好的灵活性。因此本研究选用 Double Hurdle 模型进行估计。

Double Hurdle 模型实质上由 Probit 模型和 Truncated 模型组合而成。农户参与人工造林的决策过程可以分为造林决策选择和造林数量选择两个阶段，第一阶段是农户决定是否参与人工造林，因此在第一阶段构建 Probit 模型来处理农户是否参与人工造林的"0-1"值选择型数据；第二阶段是农户在决定参与人工造林后，确定人工造林的数量规模。因此在第二阶段采用 Truncated 模型分析农户人工造林数量规模的影响因素。

Double Hurdle 模型具体建模过程如下：

首先，第一阶段农户是否参与人工造林属于二元选择模型，Probit模型构建如式（6-1）所示：

$$\text{第一阶段：} \begin{cases} Y_{i1}^* = \alpha T_i + \beta X_i + \varepsilon_i, & \varepsilon_i \sim (0,\ 1),\ i = 1,\ 2 \cdots n \\ \quad\quad Y_{i1} = 1,\ Y_{i1}^* > 0, \\ \quad\quad Y_{i1} = 0,\ Y_{i1}^* \leq 0. \end{cases} \quad (6\text{-}1)$$

式（6-1）中，Y_{i1}^*为农户是否参与人工造林的潜变量，若$Y_{i1}^* > 0$，则$Y_{i1} = 1$，表明农户参与了人工造林；若$Y_{i1}^* \leq 0$，则$Y_{i1} = 0$，表明农户没有参与人工造林。T_i代表林地产权变量，X_i代表控制变量，α、β为待估参数，ε_i为残差项，服从（0，1）分布。

其次，第二阶段农户造林数量为连续变量，Truncated模型构建如下：

$$第二阶段：\begin{cases} Y_{i2}^* = \gamma T_i + \rho X_i + \mu_i, \mu_i \sim (0, \sigma^2) \\ Y_{i2} = Y_{i2}^*, Y_{i1}^* > 0 \text{且} Y_{i1} = 1, \\ Y_{i2} = 0 \end{cases} \tag{6-2}$$

式（6-2）中，Y_{i2}^*为农户人工造林数量的潜变量，Y_{i2}为农户的实际造林数量。当$Y_{i1}^* > 0$且$Y_{i1} = 1$时，$Y_{i2} = Y_{i2}^*$表示第i个农户的人工造林数量；$Y_{i2} = 0$表示第i个农户的人工造林数量为0。T_i代表林地产权变量，X_i代表控制变量，γ、ρ为待估参数，μ_i为残差项，服从（0，σ^2）分布。

为保证第二阶段参与者的数量选择为正，即$Y_{i2} > 0$，Y_{i2}的密度函数的概率分布应满足左截尾值为0的截断正态分布（Cragg，1971），但这一假设条件对受限因变量模型而言过强，往往难以满足。相比之下，对数正态假定往往容易满足，且能够在一定程度上减少微观样本的异方差问题（许秀川等，2017）。因此，在实践中往往用对数正态分布来放松对模型的假定，即把 $\ln Y_{i2}$作为第二阶段的被解释变量。在Double Hurdle模型中，第一阶段与第二阶段所使用的解释变量可以完全相同，也可以不完全相同（陈强，2014）。此外，当农户人工造林的参与决策与人工造林的数量决策受具体因素影响机制相同时，Double Hurdle 模型则退化成Tobit模型（Garcia，2013）。这时，可通过比较两种模型的对数似然函数值来判断优劣和适用情况（Cameron，2010；许秀川等，2017）。基于两阶段决策的理论分析，本章利用广西凤山县农户参与核桃种植的调查数据对 Double Hurdle 模型和作为参照的Tobit 模型进行估计。

6.2.2 变量选择与定义

农户参与石漠化林业治理的行为受到其自身因素以及外部因素的双重约束。本研究重点研究林地产权对农户参与石漠化林业治理行为决策的影响。但现有对石漠化治理农户参与行为的研究表明，农户个人及其家庭的资源禀赋、农户所在村域环境以及石漠化治理工程的制度特征等也是影响农户参与行为的主要因素。

结合以往的研究，本章选取的变量如下：

6.2.2.1 农户人工造林投入变量

基于研究的需要，本研究认为农户参与人工造林的主要方式包括为人工造林投入资金和劳动力两个方面。因此，本研究以农户人工造林的资金投入和劳动力投入衡量农户参与人工造林的情况。由于林业生产具有长周期性的特点，且农户并不是每年都有造林行为，又考虑到广西新一轮集体林权制度主体改革基本是在 2012 年前后完成的，因此，为更全面衡量林地产权对农户参与石漠化林业治理人工造林行为的影响，本研究使用关键时点记忆法，用 2012—2018 年农户参与人工造林投入的累计值进行平均来衡量农户参与人工造林的投入水平。根据前文所述，农户参与人工造林的过程分为造林决策选择和造林数量选择两个阶段。在造林决策选择阶段，被解释变量为二元虚拟变量（农户人工造林投入的累计值不为零时，被解释变量赋值为 1；否则被解释变量赋值为 0）；在造林数量选择阶段，被解释变量为连续型变量，取值为 2012—2018 年农户人工造林的年均资金投入或年均劳动力投入，并在实证分析时做对数化处理。

6.2.2.2 林地产权变量

林地产权为本章的核心解释变量，包括林地产权安全性和林地产权完整性两个方面。如 2.1.2 所述，本研究主要从农户的认知来测度林地产权安全性和林地产权完整性。

（1）农户对林地产权安全性的认知。吉登艳（2015）认为农户对林地产权安全的认知主要包括农户对未来林地被调整的可能性预期、农户对未来林地被征用的可能性预期这两个方面。但基于林改期间林地纠纷频发以及林地纠纷的复杂性、长期性特点，本研究认为农户所经历的林地纠纷也是影响其对林地产权安全性认知水平的重要方面。因此，农户的林地产权安全认知应包括农户对林地未来被调整的可能性预期、农户对林地未来被征用的可能性预期以及农户对林地未来发生林权纠纷的可能性预期等三个方面。对于每一项可能性预期的赋值为：0（代表林地未来有可能调整、征用或发生纠纷），即林地产权不安全；1（代表不确定林地未来是否会调整、征用或发生纠纷），即不确定林地产权是否安全；2（代表林地未来不可能调整、征用或发生纠纷），即林地产权安全。最后，由这三项加权平均得到农户的林地产权安全认知综合值用到实证模型中①，以降低共线性的影响。安全的林地产权能够给农户带来稳定的预期和保障，因此预期农户的林地林权安全性认知正向促进农户参与人工造林的投入。

（2）农户对林地产权完整性的认知。根据前文的理论分析和现有的研究文献，林地使用权、林地流转权和林地抵押权构成了林地产权影响农户林业经营和林地保护行为的三大重要方面（孙妍，2008；吉登艳，2015；杨扬 2018）。因此，本研究用农户对林地使用权、林地流转权和林地抵押权持有情况的认知来衡量林地产权的完整性。具体参考张英、宋维明（2012）、Holden etal.（2013）、Yi etal.（2014）、吉登艳（2015）、杨扬（2018）、任洋（2018）等的做法，林地使用权由农户对是否拥有"把林地转为农业用途、把林地转为其他林业用途②、自主选择林种树种以及经营非木质林产品"等四项权利的认知值衡量，为降低多重共线性的影响，在实证中采用四项权利认知的加权平均值引入模型；林地流转权由农户对是否拥有"林地在村内或村外流转（包括转入和转出）"等两项

---

① 参考吉登艳（2015）的做法，对三项"可能性预期"分别采用平均加权以及按不同的重要性赋予不同的权重进行加权，获得不同的林地产权安全性认知综合指标来进行实证，发现结果并无太大差异，所以本书采用平均加权法的综合值来汇报结果。后续对农户林地使用权、林地流转权持有情况认知的加权也采用同样方法。

② 尽管《森林法》中明确规定森林资源的所有者和使用者不得非法改变林地的用途，但从理论上改变林地用途属于林地使用权的范畴。而且根据本书的调查，仍有相当一部分农户认为自己拥有把林地转为农业用途或者林地转为其他林业用途的权利，因此，把这两个权利考虑进来可能对未来的林权政策设计有一定的意义。

权利的认知值衡量，在实证中同样采取这两项权利的加权平均值引入模型；林地抵押权则用农户对是否拥有"林地或林木抵押权"的认知值来衡量。赋值方面，如果农户认为不拥有某项权利，则赋值为 0；若农户认为不确定是否拥有某项权利，则赋值为 1；若农户认为某项权利的获得需要征得村集体或林业管理部门的同意，则赋值为 2；若农户认为拥有某一项权利，则赋值为 3。

6.2.2.3 石漠化治理政策变量

除了重点关注的林地产权核心变量外，石漠化治理政策的设计与实施也是影响农户参与石漠化林业治理行为的重要因素，因此本研究把石漠化治理政策变量作为主要解释变量纳入模型。作为一项重大的生态工程，石漠化综合治理工程的实施必然会给石漠化地区农户的生产和生活方式带来变化。石漠化综合治理工程实施过程中，通过宣传教育等方式让农户认识到石漠化的危害，也通过石漠化治理技术的培训等方式让农户学习如何应对石漠化，这在一定程度上激励农户治理石漠化的决心。石漠化治理政策的实施效果最终表现为农户对石漠化的认知改变，进而影响农户参与石漠化治理林业治理的决策。本章用农户对石漠化治理重要性的认知以及农户是否接受过石漠化治理培训这两个指标测度石漠化治理政策变量。若农户认为石漠化治理一点都不重要，则赋值为 1，比较重要赋值为 2，很重要赋值为 3。若农户接受过石漠化治理培训，则赋值为 1，否则赋值为 0。

6.2.2.4 其他控制变量

控制变量包括农户个人及其家庭特征变量、林地禀赋特征变量和村庄特征变量三个方面。

（1）农户个人及其家庭特征。农户个人及家庭特征变量包括户主的年龄、文化程度、非农经历、家庭劳动力占比、家庭林业收入等。农户的个体特征会影响其对外界各种客观风险的感受和直观判断，进而影响其认知水平。年龄大的农户往往对林地有更多的依赖，且具备更多的生产经验，其人工造林投入水平可能会更高。但也有可能随着年龄的增大，农户劳动能力逐渐减弱，从而降低其人工造林投入。因此，预期户主年龄变量对其参与人工造林的影响具有不确定性。户主文化水平越高，对石漠化的危害以及石漠化治理政策的理解和认知水平越高，因此可能会更愿意参与石漠化林业治理人工造林。但文化程度高的农户有更多的机会从事非农工作，导致其不会从事林业生产，从而降低其人工造林投入。因此，户主文化程度变量的影响也具有不确定性。拥有非农经历的户主可能倾向于选择其他非农工作，对林地的需求和保护弱化，从而降低其人工造林投入，因此预期其影响为负。家庭劳动力占比较高的农户家庭在进行人工造林时可能会选择投入更多的劳动力，而减少（或替代）一部分资本投入。家庭林业收入高的农户对林地的依赖可能会越高，而且林地的投资激励效应更明显，因此预期该变量正向影响农户参与人工造林的投入。

（2）林地禀赋特征。林地禀赋特征变量包括林地面积、林地地块数、林地石漠化程度、林地离家平均距离等。农户拥有的林地面积越大，越有可能为实现林业规模经营而提高其林地投入水平，但由于规模经济的作用、小户经营的资金和人力有限、农村资本市场发育程度不高等原因，农户进行大规模林地投入的能力受到限制（孙妍，2008；吉登艳，2015）。地块越多，林地细碎化程度越大，可能需要耗费更多的生产投入，但由于林木生长独具特点，林地分散经营可以根据林木的生产情况来分散劳动强度（杨扬，2018），因此预测林地地块数变量对农户参与人工造林的投入影响具有不确定性。林地的投资回报率受到林地立地条件的影响，石漠化程度较低、离家较近的林地可能节约农户的人工造林成本以及提高造林回报率，提高农户参与人工造林的积极性。但立地条件好的林地比立地条件差的林地更节约投入成本（孙妍，2008），因而也有可能导致农户在石漠化程度低的林地上投入更少。

（3）村庄特征变量。包括村离最近乡镇的距离、村人均纯收入水平。位置相对偏远的村庄，非农就业的机会相对较少，农户更依赖于林业生产活动，因而可能更愿意参与人工造林，但位置偏远的村庄也有可能因经济发展较落后而没有能力进行较多的林地投入。人均纯收入越高的村庄经济发展水平越好，越有能力进行林地生产投资。

6.2.3 描述性统计分析

表 6-1 呈现了主要变量的定义及描述性统计。从表中可以看出，样本农户中，2012—2018 年年均造林资金投入均值约为 412 元，总体水平较低，可能原因是调研区大力发展核桃产业项目，政府为了鼓励农户积极参与，对参与核桃种植的农户给予苗木补贴，农户只需象征性每亩出资 15 元钱，再加上造林时的肥料投入。2012—2018 年农户年均造林劳动力投入均值为 23 个工左右。林地产权变量中，农户对林地产权安全性的认知均值为 1.118，对林地使用权完整性的认知均值为 1.574，对林地流转权完整性的认知均值为 2.056，对林地抵押权完整性的认知均值为 1.628，说明样本农户的林地产权认知总体水平不高。在石漠化治理变量中，石漠化治理培训变量的均值为 0.852，农户对石漠化治理重要性认知的均值为 2.317，说明样本区石漠化治理的宣传培训政策落实较好，农户普遍对石漠化治理的重要性有较高的认识。户主个人及家庭特征变量中，户主平均年龄约 48 岁，平均受教育年限约为 8 年，拥有非农经历的占65%，家庭劳动力占比平均 64%，2018 年家庭林业收入均值约为 6761元。在林地特征中，林地面积平均为 29.65 亩，林地地块平均约 9 块，表明农户的林地经营规模为中等规模，林地的细碎化程度较高。林地石漠化程度均值为 3.251，说明林地的立地条件较差。林地距离的均值为2.444 公里。此外，村庄环境中，村中心到最近乡镇的平均距离为 12.93公里，村庄人均纯收入的均值约为 8313 元。

表 6-1 变量的描述性统计

变量	变量定义及单位	均值	标准差	最小值	最大值
农户人工造林投入					
年均造林投工	2012—2018年年均造林劳动力投入（天）[①]	22.929	23.994	0	165
年均造林投资	2012—2018年年均造林资金投入（元）	411.557	412.724	0	2,625
林地产权变量[②]					
林地产权安全性	由农户对林地未来发生调整、征用或纠纷的风险预期加权平均	1.118	0.484	0	2
林地使用权完整性	由农户对林地转为农业用途、林地转为其他林业用途、自主选择树种以及经营非木质林产品等四项权利持有情况的认知值加权而得	1.574	0.930	0	3
林地流转权完整性	由农户对林地转给本村人或转给外村人的权利认知值加权而得	2.056	0.697	0.500	3
林地抵押权完整性	农户对林地及林木抵押权持有情况的认知值：0=无；1=不确定；2=有，但需经林业管部门或村集体同意；3=有	1.628	1.214	0	3
石漠化治理变量					
石漠化治理培训	农户是否有接受石漠化治理培训，0=无；1=有	0.852	0.355	0	1
石漠化治理认知	农户对石漠化治理重要性的认知：1=不重要；2=比较重要；3=很重要	2.317	0.838	1	3
农户及家庭特征					
户主年龄	户主实际年龄（岁）	47.66	9.290	21	68
户主文化程度	户主实际受教育年限（年）	7.628	2.325	2	16
户主非农经历	户主是否有外出打工经历：0=无；1=有	0.650	0.500	0	1
家庭劳动力占比	家庭劳动力人数/家庭总人口数	0.640	0.224	0.200	1
家庭林业收入	2018年林业收入（元）	6761	3151	2096	23068

变量	变量定义及单位	均值	标准差	最小值	最大值
林地特征					
林地面积	农户实际拥有林地的总面积（亩）	29.65	14.77	4	67
林地地块数	农户实际拥有林地地块数量（块）	9.384	4.354	2	26
林地石漠化程度	1=极重度；2=重度；3=中度；4=轻度；5=潜在石漠化	3.251	0.966	1	5
林地距离	林地离家平均距离（千米）	2.444	1.711	0.100	9
村庄环境					
村距离	村中心到最近乡镇的距离（千米）	12.93	7.164	2	35
村经济情况	村人均纯收入（元）	8313.661	661.131	7000	10500

注：①按每天 8 小时计算。②关于林地产权认知内生性的处理，由于农户对林地产权安全性及林地产权完整性的认知与其人工造林投入行为之间可能会存在一定的内生性，参考 Mullan etal.（2011）、Ma etal.（2013，2016）、吉登艳（2015）、杨扬（2018）等人的做法，采用本村其他农户对林地产权安全性和林地产权结构完整性认知的平均值来代替农户个人的认知。理由是，在特定的村庄环境中，个体农户对林地产权安全性和结构完整性的认知水平可能会受到村庄总体认知水平的影响，进而影响其生产决策，但同村其他农户对林地产权安全性和结构完整性的认知水平却并不受个体农户生产决策的影响（Ma etal.，2016），第 7、8 章对林地产权认知内生性的处理参照此方法。

6.3 实证结果与分析

运用Stata15.0 统计软件对模型进行实证检验。考虑到自变量之间的多重共线性可能会导致模型估计结果偏差，在进行回归前先对自变量的方差膨胀因子（VIF）进行计算，结果显示VIF均值为1.71，说明模型中自变量之间不存在明显的共线性问题。表6-2和表6-3分别呈现了农户参与人工造林资本投入和劳动力投入的Double Hurdle模型回归结果。其中，模型（1）为第一阶段参与决策方程的 Probit 回归，模型（2）为第二阶段数量决策方程的Truncated回归，模型（3）是作为参照的 Tobit 回归。在数据处理上，第二阶段数量决策方程的被解释变量在回归时取对数，自变量中家庭林业收入、林地总数、村到最近乡镇的距离以及村人均纯收入等变量也进行对数化处理。对出现零值取对数的问题,为方便估计,仍将其等同于零值进行处理。

由表 6-2 可知,当以农户人工造林的资本投入为被解释变量时,Double Hurdle 模型两个阶段估计的对数似然值之和为−637.3716,远比 Tobit 模型的对数似然值−3160.3532 大;类似地,在表 6-3 中,当以农户人工造林的劳动力投入为被解释变量时,Double Hurdle 模型两个阶段估计的对数似然值之和为−663.4689,也远大于 Tobit 模型的对数似然值−2196.0576,由 Cameron(2010)可知,Double Hurdle 模型的拟合程度显著优于 Tobit 模型,也就是说,农户人工造林的参与决策与人工造林的数量决策受具体因素影响的机制是具有差异性的,Double Hurdle 模型更适用本研究。下面逐一分析各个变量对农户参与人工造林行为的影响情况。

6.3.1 林地产权变量对农户参与人工造林行为的影响

由表6-2和表6-3的估计结果来看,在林地产权变量中,林地产权安全性、林地使用权完整性、林地流转权完整性和林地抵押权完整性四大因子对农户人工造林投入的两个阶段的影响程度有所不同。

表 6-2 人工造林资本投入的 Double Hurdle 回归结果

变量	(1)第一阶段 参与方程	(2)第二阶段 数量方程	(3)Tobit 参照
林地产权变量			
林地产权安全性	0.142(0.148)	0.394***(0.0756)	169.6***(45.55)
林地使用权完整性	0.210***(0.0812)	0.0220(0.0432)	96.08***(24.81)
林地产权变量			
林地流转权完整性	0.102(0.0990)	0.120**(0.0595)	28.68(32.28)
林地抵押权完整性	0.00781(0.0672)	−0.0222(0.0323)	16.86(20.28)
石漠化治理变量			
石漠化治理培训	0.373*(0.210)	0.467***(0.180)	272.2***(72.19)
石漠化治理认知	0.122(0.0881)	0.0160(0.0493)	−20.78(27.96)

变量	（1）第一阶段 参与方程	（2）第二阶段 数量方程	（3）Tobit 参照
户主及家庭特征			
户主年龄	0.00654(0.0080)	0.0109***(0.00420)	6.452***(2.456)
户主文化程度	0.0885***(0.0294)	0.0653***(0.0174)	61.84***(8.894)
户主非农经历	−0.203(0.145)	−0.0843(0.0737)	−85.19*(44.96)
家庭劳动力占比	−0.187(0.297)	−0.0279(0.153)	22.61(94.14)
家庭林业收入（ln）	0.418**(0.189)	0.151*(0.0849)	219.2***(54.25)
林地特征			
林地面积（ln）	0.551***(0.213)	0.0805(0.0993)	118.3*(62.78)
林地地块数	−0.0122(0.0230)	0.0441***(0.0109)	9.957(6.971)
林地石漠化程度	−0.0691(0.0683)	0.0478(0.0424)	32.12(21.32)
林地距离	−0.0315(0.0484)	0.0105(0.0192)	19.13(13.66)
村庄特征			
村到最近乡镇的距离（ln）	−0.223(0.170)	0.377***(0.112)	−18.29(53.27)
村人均纯收入（ln）	−0.438(1.204)	−0.875(0.678)	70.19(406.6)
常数项	−1.725(11.02)	8.834(6.118)	−4,169(3,676)
Wald chi2	44.41***	371.44***	
LR chi2			198.89***
Log- pseudolikelihood	−265.3661***	−372.0055***	−3160.3532***
伪 R^2	0.0914		0.0305
Mean VIF	1.71	1.71	1.71
Observations	549	407	549

注：①***、**和*分别表示在 1%、5%和 10%的水平上显著；②括号中为稳健标准误。

林地产权安全性对农户人工造林资本投入和劳动力投入的影响均为正，且在人工造林资本投入和劳动力投入的第二阶段数量决策中均通过了1%的显著性检验，但与第一阶段农户是否参与人工造林的决策没有通过显著性检验，说明农户是否选择参与人工造林可能更多地取决于农户自身因素、当地为治理石漠化发展核桃种植的优惠政策等其他因素的影响。一旦农户选择参与人工造林，其人工造林的投入水平则显著受到林地产权安全性的影响。表6-2和表6-3显示，林地产权安全性每提高1个单位，农户人工造林的资金投入水平增加39.4%，劳动力投入水平增加42.9%。这可能是由石漠化地区林业生产的特性决定的。调研区的人工造林树种为核桃，是适应石漠化林地土壤条件的生态经济型树种，根据当地有关部门的资料，石漠化林地核桃种植的收获期最快8年，甚至更长，这就意味着从造林到挂果收获前的时期内，核桃造林发挥的生态价值远大于经济价值，农户对核桃种植的预期收益可能较低，因此降低了农户参与核桃种植的意愿。但对于已经参与核桃种植的农户在决定其造林投入水平时，林地产权安全性所带来的保障效应能够提高农户未来的预期收益，诱导农户进行长期合理的投资规划，从而选择增加核桃种植的投入水平。

表 6-3 人工造林劳动力投入的 Double Hurdle 回归结果

变量	（1）第一阶段 参与方程	（2）第二阶段 数量方程	（3）Tobit参照
林地产权变量			
林地产权安全性	0.110(0.200)	0.429***(0.0860)	10.43***(2.269)
林地使用权完整性	0.499***(0.126)	0.0249(0.0483)	4.144***(1.298)
林地流转权完整性	0.223(0.148)	0.133**(0.0659)	2.012(1.590)
林地抵押权完整性	0.171*(0.101)	−0.00918(0.0402)	0.927(1.013)
石漠化治理变量			
石漠化治理培训	0.771**(0.302)	0.411**(0.200)	11.92***(4.330)
石漠化治理认知	0.229*(0.125)	−0.0625(0.0594)	−2.591*(1.496)
户主及家庭特征			
户主年龄	−0.0217*(0.0125)	0.0172***(0.0050)	0.325**(0.145)
户主文化程度	0.228***(0.0431)	0.0617***(0.0198)	3.384***(0.568)
户主非农经历	−0.432**(0.210)	−0.0274(0.0879)	−4.440*(2.508)
家庭劳动力占比	1.237***(0.448)	0.0292(0.177)	1.870(4.372)
家庭林业收入（ln）	0.258(0.243)	0.214**(0.0941)	11.88***(2.608)
林地特征			
林地面积（ln）	0.126(0.350)	0.168(0.114)	4.009(2.958)
林地地块数	0.0077(0.0375)	0.0689***(0.0127)	1.043***(0.336)
林地石漠化程度	−0.0656(0.107)	0.0309(0.0476)	2.347*(1.207)
林地距离	0.203**(0.0806)	−0.0198(0.0252)	1.037(0.692)

续表

变量	（1）第一阶段 参与方程	（2）第二阶段 数量方程	（3）Tobit参照
村庄特征			
村到最近乡镇的距离 （ln）	−1.004***(0.273)	0.383***(0.125)	−2.440(3.275)
村人均收入（ln）	3.731***(1.332)	−0.484(0.808)	24.79(24.48)
常数项	−36.91***(12.27)	0.922(7.249)	−404.7*(220.6)
Wald chi2	125.31***	484.60***	
F统计量			18.09***
Log- pseudolikelihood	−111.3862	−552.0827	-2196.0576
伪R2	0.4634		0.0542
Observations	549	480	549

注：①***、**和*分别表示在1%、5%和 10%的水平上显著；②括号中为稳健标准误。

　　林地使用权完整性正向影响农户参与人工造林资本投入和劳动力投入的可能性，且均通过了1%的显著性检验，但林地使用权完整性对农户参与人工造林资本投入和劳动力投入的投入水平影响并不显著。可能的原因是，表面上在新一轮集体林权制度改革之后，农户获得了更为完整的林地使用权，在一定程度上赋予了农户更大的产权行为能力，自主选择树种以及经营非木质林产品等使用权似乎提高了林地的价值，但由于石漠化地区林地质量的限制以及生态保护的需要，农户的林地用途、可以选择种植的树种类型以及林下经济的开发受到诸多因素的制约，导致林地价值变现时间长，甚至难以变现，从而抑制了农户人工造林的投入水平。在本研究的调研区，政府为了完成核桃产业发展的任务，对农户种植核桃有一定的强制性，并且严令禁止农户砍伐、毁坏核桃[1]，这对农户自由选择树种种植等林地使用权实际上是一定程度的剥夺，因而可能

---

[1] 在实地调查中发现，有些农户因短期内无法从种植核桃中获益而失去信心，因而对核桃树进行砍伐，当地政府部门明示为保护核桃种植的生态和经济效益，对群众乱砍滥发、毁坏核桃树的，将依据《森林法》及相关法律规定作出处罚。

弱化林地使用权完整性对农户核桃种植投入水平的激励作用。

　　林地流转权完整性与农户是否参与人工造林资本投入和劳动力投入均未通过显著性检验，说明林地流转权完整性不是影响农户是否决定参与人工造林的主要因素。可能是核桃林木生长周期长、短期投资回报低等特点降低了农户通过流转林地获得受益的预期，再加上石漠化地区林地流转市场发展较为缓慢，林地流转权完整性不会显著提高农户参与人工造林的意愿。但对于已经参与人工造林的农户，林地流转权完整性与农户人工造林的资本投入和劳动力投入水平均通过了5%的显著性检验，且系数为正，林地流转权完整性每提高一个单位，农户为人工造林投入的资金增加12%，为人工造林投入的劳动力增加13.3%，表明完整的林地流转权赋予农户林地自由流转以获得投资回报的可能性，有助于激励农户提高当前人工造林的投入水平。农户一旦参与人工造林，人工造林投入的增加可以有效促进林木的生长，从而有利于提高林地的流转价格，提高农户通过流转获得更高收益的可能性预期。

　　林地抵押权完整性对农户是否参与人工造林以及人工造林投入水平的影响不稳定，表现为在第一阶段农户决定是否参与人工造林资本投入和劳动力投入模型中系数为正，但仅在劳动力参与模型中通过了10%的显著性检验，而在第二阶段农户人工造林资本投入水平和劳动力投入水平数量决策模型中系数为负，且不显著。这可能是因为虽然拥有完整林地抵押权的农户可以通过林地或林木抵押来获得贷款收益，但抵押贷款收益对林业经营效益的替代效应[1]可能会降低农户参与人工造林的投入水平（孙妍，2008；杨扬，2018）。当然，也有可能是因为银行等金融

----

① 有学者认为，对于拥有林地抵押权的农户而言，其获取资金收益的途径主要有两个方面：一是通过林业生产获取，二是通过林权抵押贷款获取，两者之间存在替代作用。当农户容易通过林权抵押贷款获取资金时，其通过林业生产获取资金的可能就会降低。另外，由于对林地抵押政策的认知有限，一些农户认为林地抵押后会失去林地的经营权，因此不愿意在林地上进行投资。

机构对林权抵押贷款的条件比较严苛，小规模农户往往难以通过林权抵押来获得贷款，因而林地抵押权完整性对农户参与人工造林的投资激励效益并不明显。

6.3.2 石漠化治理变量对农户参与人工造林行为的影响

由表6-2和6-3可知，石漠化治理培训变量与农户是否参与人工造林资金投入通过了10%的显著性检验，与农户是否参与人工造林劳动力投入通过了5%的显著性检验，说明接受过石漠化治理培训的农户参与人工造林的可能性更高。石漠化治理培训变量同样正向显著影响农户参与人工造林的资金投入和劳动力投入水平。接受过石漠化治理培训的农户，其人工造林的资金投入水平和劳动力投入水平分别比没有接受过培训的农户增加46.7%和41.1%。但实证结果也表明，农户对石漠化治理重要性的认知变量对农户是否参与人工造林资本投入和资本投入的数量均没有显著影响，与农户是否参与人工造林劳动力投入通过了10%的显著性检验，但对其劳动力投入水平的影响为负，这与余霜（2015）的研究结论相似，说明尽管农户意识到石漠化治理的重要性，但由于其"理性经济人"的本质，农户并不一定总会积极参与石漠化林业治理。

6.3.3 户主及家庭特征变量对农户参与人工造林行为的影响

户主年龄变量在农户参与石漠化林业治理人工造林资本投入和劳动力投入水平模型中均通过了 1%的显著性检验，表明年纪越大的农户一旦参与了人工造林，就越愿意在造林上投入更多。户主文化程度显著提高了农户参与人工造林资本投入与劳动力投入的可能性，也显著地促进了农户参与人工造林的资本投入和劳动力投入水平。户主非农经历在农户是否参与人工造林劳动力投入模型中通过了 5%的显著性检验，且系数为负，说明有非农经历的农户更倾向于选择非农工作，其对人工造林劳动力投入的可能性下降。家庭劳动力占比变量正向显著地提高了农户参与人工造林劳动力投入的可能性，但在人工造林资本投入的两个阶段模型中系数皆为负但不显著，说明劳动力投入可能对资本的投入存在一定的替代，但作用并不明显。家庭林业收入变量在农户参与人工造林资本投入的两阶段模型中分别通过了 5%、10%的显著性检验，在农户参与人工造林劳动力投入水平模型中通过了 5%的显著性检验，说明家庭林业收入越高，农户选择参与人工造林资本投入的可能性越高，并且一旦选择了参与人工造林，家庭林业收入高的农户其人工造林资本投入和劳动力投入的水平就更高。

6.3.4 林地禀赋特征变量对农户参与人工造林行为的影响

林地面积与农户是否参与人工造林资本投入通过了 1%的显著性检验，说明农户更愿意投资较大面积的林地，但可能由于大面积造林所需要的资金和人力较大，因此林地面积对农户的人工造林投入水平影响并不显著。林地地块数与农户人工造林的资本投入水平和劳动力投入水平均通过了 1%的显著性检验，可能由于分散的地块更有利于农户根据林木的生产情况来分配有限的资金和劳动力投入。林地石漠化程度负向影响农户参与人工造林资本投入和劳动力投入的可能性，正向影响农户人工造林资本投入和劳动力投入的水平，但均不显著。林地距离的影响并不稳定，这可能与调查区林地离家平均距离都比较近，对农户的人工造林行为影响不大有关。

6.3.5 村级特征变量对农户参与人工造林行为的影响

村到最近乡镇的距离与农户参与人工造林的资本投入及劳动力投入水平通过了 1%的显著性检验，可能是越偏远的村庄越缺少其他就业机会，越依赖于林业生产活动，因而可能更愿意投资人工造林。村人均纯收入与农户是否参与人工造林劳动力投入通过了 1%的显著性检验，但在其他模型中的影响为负向不显著。

6.4 稳健性检验

为检验模型回归结果的稳健性，采取两种方法进行稳健性检验。第一种方法是更换被解释变量。用农户2012—2018年的累计人工造林面积作为被解释变量重新估计林地产权对农户参与石漠化林业治理人工造林的影响，结果如表6-4所示。

表 6-4 人工造林面积的 Double Hurdle 回归结果

变量	（1）第一阶段 参与方程	（2）第二阶段 数量方程	（3）Tobit 参照
林地产权变量			
林地产权安全性	0.142(0.148)	0.309***(0.0665)	2.262***(0.607)
林地使用权完整性	0.210***(0.0812)	0.0265(0.0408)	1.281***(0.331)
林地流转权完整性	0.102(0.0990)	0.0451(0.0504)	0.382(0.430)
林地抵押权完整性	0.00781(0.0672)	−0.0106(0.0301)	0.225(0.270)
石漠化治理变量			
石漠化治理培训	0.373*(0.210)	0.280*(0.157)	3.630***(0.963)
石漠化治理认知	0.122(0.0881)	−0.0596(0.0457)	−0.277(0.373)
户主及家庭特征			
户主年龄	0.00654(0.0080)	0.0121***(0.0039)	0.0860***(0.0327)
户主文化程度	0.0885***(0.0294)	0.0384**(0.0150)	0.824***(0.119)
户主非农经历	−0.203(0.145)	−0.0645(0.0660)	−1.136*(0.599)
家庭劳动力占比	−0.187(0.297)	0.126(0.131)	0.301(1.255)
家庭林业收入（ln）	0.418**(0.189)	0.0859(0.0768)	2.922***(0.723)
林地特征			
林地面积（ln）	0.551***(0.213)	0.163*(0.0865)	1.578*(0.837)
林地地块数	−0.0122(0.0230)	0.0417***(0.0092)	0.133(0.0929)
林地石漠化程度	−0.0691(0.0683)	0.0611*(0.0358)	0.428(0.284)
林地距离	−0.0315(0.0484)	−0.00682(0.0177)	0.255(0.182)
村庄特征			
村到最近乡镇的距离（ln）	−0.223(0.170)	0.257**(0.104)	−0.244(0.710)
村人均收入（ln）	−0.438(1.204)	−0.0915(0.626)	0.936(5.421)
常数项	−1.725(11.02)	−1.337(5.667)	−55.59(49.01)
Wald chi2	44.41***	404.19***	
LR chi2			198.89***
Log-pseudolikelihood	−265.3661	−283.8368	−1403.1355
伪 R^2	0.0914		0.0662
Observations	549	386	549

注：①***、**和*分别表示在 1%、5%和 10%的水平上显著；②括号中为稳健标准误。

第二种方法是变换样本量。随机抽取原样本的85%，组成样本量为463的新样本，再用Double Hurdle模型进行重新估计，结果如表6-5所示。

表 6-5 随机抽取样本后的 Double Hurdle 回归结果

变量	人工造林资本投入		人工造林劳动力投入	
	(1)第一阶段参与方程	(2)第二阶段数量方程	(3)第一阶段参与方程	(4)第二阶段数量方程
林地产权变量				
林地产权安全性	0.125(0.163)	0.399***(0.0878)	0.136(0.216)	0.435***(0.101)
林地使用权完整性	0.241***(0.0856)	0.0122(0.0465)	0.560***(0.152)	−0.0017(0.0521)
林地流转权完整性	0.126(0.106)	0.123*(0.0666)	0.162(0.159)	0.124*(0.0744)
林地抵押权完整性	0.0105(0.0732)	−0.0317(0.0366)	0.253**(0.113)	−0.0083(0.0456)
石漠化治理变量				
石漠化治理培训	0.208(0.229)	0.444**(0.194)	0.755**(0.344)	0.374*(0.215)
石漠化治理认知	0.0603(0.0984)	0.0319(0.0542)	0.152(0.140)	−0.0665(0.0655)
户主及家庭特征				
户主年龄	0.0037(0.0086)	0.0116**(0.0047)	−0.0286**(0.0137)	0.0185***(0.0057)
户主文化程度	0.0688**(0.0311)	0.0798***(0.0200)	0.208***(0.0473)	0.0753***(0.0223)
户主非农经历	−0.266*(0.161)	−0.0888(0.0844)	−0.474**(0.223)	−0.0410(0.100)
家庭劳动力占比	−0.287(0.316)	−0.0781(0.170)	1.308***(0.465)	−0.0618(0.197)
家庭林业收入（ln）	0.493**(0.216)	0.171*(0.100)	0.392(0.278)	0.266**(0.112)
林地特征				
林地面积（ln）	0.462**(0.231)	0.0580(0.119)	0.264(0.385)	0.191(0.135)
林地地块数	−0.0090(0.0248)	0.0434***(0.0125)	0.0134(0.0388)	0.0653***(0.0145)
林地石漠化程度	−0.0843(0.0728)	0.0557(0.0462)	−0.0886(0.115)	0.0382(0.0523)
林地距离	−0.0541(0.0530)	0.0151(0.0225)	0.220**(0.0930)	−0.0210(0.0291)
村庄特征				
村到最近乡镇的距离（ln）	−0.229(0.188)	0.371***(0.126)	−1.235***(0.346)	0.339**(0.139)
村人均纯收入（ln）	−0.666(1.292)	−0.912(0.737)	3.299**(1.356)	−0.479(0.871)
常数项	0.659(11.84)	8.935(6.662)	−33.45***(12.61)	0.452(7.844)
Wald chi2	33.69***	288.39***	91.59***	369.57***
Log pseudolikelihood	−224.7030	−331.0999	−91.1183	−484.0171
伪R^2	0.0796		0.4784	
Observations	463	344	463	405

注：①***、**和*分别表示在 1%、5%和 10%的水平上显著；②括号中为稳健标准误。

由表6-4及表6-5的回归结果可见，不管是替换被解释变量，还是变换样本量，本书关注的林地产权核心变量对农户参与人工造林行为的影响都与表6-2和6-3中的结果比较一致，说明本书的实证分析结果较为稳健。

6.5 本章小结

本章利用广西凤山县参与核桃种植的农户调研数据，通过Double Hurdle模型实证检验了林地产权对农户参与石漠化林业治理人工造林行为的影响，结论如下。

（1）林地产权安全性的提高能够显著促进农户人工造林的投入水平，林地产权安全性每提高1个单位，农户人工造林的资金投入水平增加39.4%，劳动力投入水平增加42.9%。完整的林地使用权正向显著地影响农户参与人工造林资本投入和劳动力投入的可能性，但对农户人工造林投入水平的影响不显著，可能是石漠化林地的特性导致林地价值难以变现，从而弱化了林地使用权对农户人工造林投入数量的激励作用。完整的林地流转权赋予农户林地自由流转以获得投资回报的可能性，有助于激励农户提高当前人工造林的资本投入和劳动力投入水平，林地流转权完整性每提高1个单位，农户为人工造林投入的资金增加12%，为人工造林投入的劳动力增加13.3%，完整的林地抵押权正向显著影响农户参与人工造林劳动力投入的可能性，但对农户人工造林资金投入和劳动力投入的数量影响为负向不显著，一方面可能是林权抵押贷款收益对农户林业经营收益有一定的替代作用，另一方面可能是因为小农户的林权抵押贷款难以获批，从而弱化了林地抵押权完整性对农户人工造林投入水平的激励作用。

（2）随着石漠化综合治理工程的实施，农户对石漠化治理重要性的认知逐步加强。石漠化治理培训变量与农户参与人工造林资金投入和劳动力投入的可能性分别通过了10%和5%的显著性检验，说明接受过石漠化治理培训的农户参与人工造林的可能性更高。石漠化治理培训变量同样正向显著影响农户参与人工造林的资金投入和劳动力投入水平，接受过石漠化治理培训的农户，其人工造林的资金投入水平和劳动力投入水平分别比没有接受过培训的农户增加46.7%和41.1%。农户对石漠化治理重要性的认知变量对农户是否参与人工造林资本投入和资本投入的数量均没有显著影响。仅在农户是否参与人工造林劳动力投入通过了10%的显著性检验，但对其劳动力投入水平的影响为负，说明农户意识到石漠化治理的重要性，但其"理性经济人"的特性导致其并不一定会出于保护生态的目的而积极参与石漠化林业治理。

（3）在其他控制变量中，户主文化程度、家庭林业收入等变量对农户参与人工造林资本投入与劳动力投入的可能性有显著影响；户主年龄、文化程度以及家庭林业收入都显著促进了农户参与人工造林资本投入和劳动力的投入水平。有非农经历的农户更倾向于选择非农工作，导致其对人工造林劳动力投入的可能性下降。林地面积显著影响农户参与人工造林资本投入的可能性，但对农户的人工造林投入水平影响并不显著。林地地块数对农户人工造林的资本投入水平和劳动力投入水有显著影响。村到最近乡镇的距离对农户参与人工造林的资本投入及劳动力投入水平有显著影响。

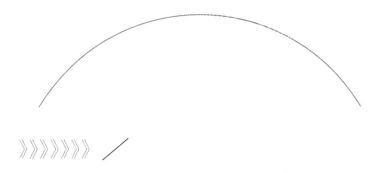

**7 林地产权对农户参与
林木管护行为的影响分析**

石漠化林业治理作为石漠化综合治理工程的核心，其可持续性是影响工程绩效的关键指标，而对前期治理成果的有效管护是实现石漠化林业治理效果持续性的重要手段。随着石漠化林业治理工程的持续推进，对前期治理成果的管护问题成为关键。想要激励农户参与管护的积极性，就必须要让农户从管护获得收益，把前期治理成果进一步巩固并转化为增加未来林业收入的重要途径。但现实情况是，随着石漠化综合治理工程项目的逐步完成，各种政策资金支持、补贴陆续到期，而短期内农民增收的问题没有得到根本解决，部分参与治理的农户生计可能出现困难，为了生存，极有可能又重新走上以破坏生态环境来换取生存条件的老路，严重威胁石漠化林业治理的可持续性。调研发现，目前，石漠化林业治理成果的后续管护难度非常大，一方面，由于林木的生产周期较长，农户在短时间内难以获得投资回报，管护的积极性普遍较低；另一方面，缺乏管护技术或劳动力非农就业转移输出造成管护劳动力缺乏等，也会对农户管护造成影响。在本研究的调研区域凤山县，核桃产业虽然经过多年的发展已经形成了一定的种植规模，对治理石漠化、发挥生态效益产生了较大的作用，但由于石山条件差、核桃挂果周期较长，核桃种植对农户脱贫致富的经济效益还没有展现。大部分农户对种植核桃的收益存在疑虑，只把核桃树当作生态树种对待，存在重种轻管，或者只种不管甚至出现砍伐、毁坏已经种植的核桃林的情况。由于未能实行集约化的精细管理，核桃苗木成活率低、生长不良、适龄树不挂果、核桃种植面积流失等，严重影响核桃种植的经济效益，难以发挥其经济价值。农户不参与管护的事实可能严重影响石漠化林业治理的可持续性。有学者认为，尽快实现参与农户的收入结构转换、拓展参与农户的多样化收入来源有利于减少农户复垦的可能性。激励农户对石漠化林业治理人工造林成果的管护投入，对于石漠化地区遏制森林资源严重退化的恶性循环、促进林业经济可持续发展无疑是非常重要的。

在新一轮集体林权制度改革之后，农户成为集体林地的主要管护主体，农户对林地不间断的管护行为是提高林地生产力及蓄积量、实现林地经济价值和生态价值的关键，是确保集体林区生态环境治理、实现乡村振兴的重要保障（曹兰芳，2020）。然而，现有研究主要关注林地产权与农户造林、采伐等林业投资行为之间的关系，对林地产权与农户林木管护行为的涉及较少（杨扬，2018）。由于林木生产周期长的特点，相对于前期的造林投入和末端的采伐，林木的中间管护环节需要农户不间断地长期投入才能提高林地的生产能力和经济价值，从而促进林业的可持续发展。因此，本章重点关注林地产权对石漠化林业治理人工造林之后农户参与林木管护行为的影响，利用广西凤山县农户核桃管护的调研数据，分析新一轮集体林权制度改革后林地产权安全性以及林地产权结构完整性对农户林木管护频率、管护强度的影响，以期为进一步完善林权制度改革的相关政策措施、调动农户管护石漠化林业治理成果的积极性、促进石漠化地区森林可持续发展提供理论和现实依据。

7.1 理论分析与研究假设

农户参与石漠化林业治理意味着农户要以可持续的方式利用林地进行生产经营，因此，农户的林木管护行为可以被视为一种长期性的投资行为。关于土地产权对农户投资行为的影响机制，学界的普遍认识是产权通过地权安全性、地权交易性和信贷可得性影响农户的生产投资行为（胡新艳等，2017；林文声，2018；罗必良等，2019；胡雯等，2020）。根据上述学者的观点，林地产权对农户参与林木管护行为的影响如图7-1所示。

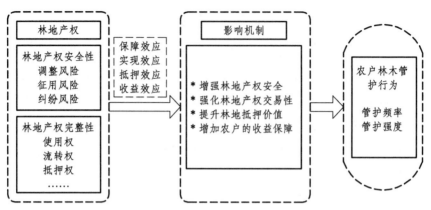

图 7-1 林地产权对农户参与林木管护行为的影响机制

林权问题是关系到林业可持续发展、森林保护的重大问题，提供稳定有效的产权保护是保障农户长期投入的前提（柯水发，2007）。新一轮林权制度改革赋予了农户更完整和更安全的林业生产经营决策权，激励农户在利益最大化的驱使下提高对林业管护的意愿和投入水平，进而对森林灾害、林业经济效益以及生态效益等产生影响。林地产权对农户林业管护行为的激励作用在以往研究中得到了证实：孔凡斌、杜丽等（2009）通过宏观数据比较分析发现，林改后森林火灾受灾面积较林改前有较大幅度的降低，这主要得益于林改后的林地产权激励效应极大地提高了农户的林业管护积极性和投入水平。Xie et al.（2013）的研究证实新一轮集体林权制度改革所产生的产权激励效应显著地提高了农户对林业的管护积极性。张英等（2015）的研究也证实了林权改革通过促进农户林业管护行为进而降低了森林灾害的观点。杨扬等（2018）运用南方集体林区调查数据实证研究发现，林改提高了农户对林地产权的安全感知，进而有效地提高了农户林业管护的频率和强度。曹兰芳等（2020）的实证研究发现，无论是商品林农户还是公益林农户，林地确权均能有效地激励他们的林业管护意愿和管护强度。林地确权促进了农户林地管护的资本和劳动力投入，且对劳动力的投入具有长期激励效应（朱文清，2021）。

基于此，提出本章的研究假设：

假设1：林地产权安全性越高，越有利于提高农户参与林木管护的频率和管护强度。

假设2：林地使用权越完整，越有利于提高农户参与林木管护的频率和管护强度。

假设3：林地流转权越完整，越有利于提高农户参与林木管护的频率和管护强度。

假设4：林地抵押权越完整，越有利于提高农户参与林木管护的频率和管护强度。

7.2 模型设计、变量定义与描述性统计

7.2.1 模型设计

由于林木生产周期较长，除了造林阶段的大量投入之外，还需要后期进行不间断的管护（曹兰芳，2016；杨扬，2018）。林木管护主要包括除杂、施肥、防火、防虫、防盗等工作，相对于前期的造林投入而言，管护投入对劳动力的需求更大，时间更长，频率更多。因此，本章主要从农户的管护频率和管护强度来探究林地产权对农户林木管护行为的影响，分别构建了农户林木管护频率的负二项模型以及农户林木管护强度的Tobit模型。

7.2.1.1 农户林木管护频率的负二项模型

本研究以农户每年对林地的平均管护次数来衡量农户的林木管护频率。农户管护次数属于计数数据，而计数数据通常可以采用泊松模型或负二项模型进行估计。二者的区别在于，使用泊松模型的局限是泊松分布的期望和方差一定相等，即数据必须符合"均等分散"的特征（陈强，2014）。但实际数据往往存在"过度分散"，方差远大于期望，而难以满足"均等分散"的特征。负二项模型放松了对泊松模型的条件，可以

解决"过度分散"数据的回归问题。负二项模型的概率密度函数为：

$$f(y_i|\mu_i,\alpha) = \frac{\Gamma(y_i+\alpha^{-1})}{\Gamma y_i!\Gamma(\alpha^{-1})}\left(\frac{\alpha^{-1}}{\alpha^{-1}+\mu_i}\right)^{\alpha^{-1}}\left(\frac{\mu_i}{\alpha^{-1}+\mu_i}\right)^{y_i} \qquad (7\text{-}1)$$

其中，$\Gamma(\cdot)$ 为Gamma函数，μ_i 为负二项分布的均值，α 为过离散参数。

农户参与林木管护的次数与其影响因素之间的关系可表示为：

$$Y = \exp(\beta X_i+\varepsilon_i) = \exp(\beta_0+\beta_1 x_{i1}+\beta_2 x_{i2}+\cdots+\beta_n x_{in}) \qquad (7\text{-}2)$$

式中，Y 为农户参与林木管护次数的预测值，X_i 为影响农户参与林木管护次数的一系列因素，包括林地产权安全性、林地产权结构完整性、石漠化治理政策变量及其他控制变量，β 为待估计的参数，ε_i 为残差项，$\exp(\varepsilon_i)$ 服从均值为1，方差为 α 的Gamma分布。

对负二项模型参数求解通常采用极大似然估计方法，负二项模型的自然对数似然函数表达式为：

$$\ln L = \ln\prod_{i=1}^{n}\frac{\Gamma(y_i+a^{-1})}{\Gamma y_i!\Gamma(a^{-1})}\left(\frac{a_{-1}}{(a^{-1})+\mu_i}\right)^{a^{-1}}\left(\frac{\mu_i}{a^{-1}+\mu_i}\right)^{y_i} \qquad (7\text{-}3)$$

将式（6-2）带入并简化得到：

$$\ln L = \sum_{i=1}^{n}\left\{\begin{array}{l}\ln\Gamma(y_i+a^{-1})-\ln\Gamma(a^{-1})+a^{-1}\ln\Gamma(a^{-1})+y_i(\beta X_i+\varepsilon_i)-\\(y_i+a^{-1})\ln\left[a^{-1}+\exp(\beta X_i+\varepsilon_i)\right]\end{array}\right\} \qquad (7\text{-}4)$$

对于式（7-4），可利用迭代平衡方法求解过离散参数 α 和待估参数 β。

7.2.1.2 农户林木管护强度的 Tobit 模型

本研究以农户平均每年林木管护的劳动力投入来衡量农户参与林木管护的强度，农户平均每年林木管护的劳动力投入属于连续变量，但由于观测期内农户对林木管护的劳动力投入存在为零的情况，即管护强度变量存在截断问题，属于受限因变量，若直接使用OLS回归可能会导致异方差问题，因此本书选用Tobit模型对样本进行最大似然估计。Tobit模型建立如下：

$$Y_i^* = \gamma_0+\gamma_i X_i+\sigma$$

$$Y_i = \begin{cases} Y_i^*, if \ Y_i^* > 0 \\ 0, if \ Y_i^* \leq 0 \end{cases} \qquad\qquad (7\text{-}5)$$

式（7-5）中，Y_i 为农户平均每年林木管护劳动力投入的观测值，Y_i^* 为 Y_i 对应的不可观测的潜变量，X_i 为影响农户参与林木管护强度的一系列因素，包括林地产权安全性、林地产权结构完整性、石漠化治理正常变量及其他控制变量，γ 为待估计的参数，σ 为随机误差项。

7.2.2 变量选择与定义

7.2.2.1 农户林木管护变量

如前所述，本研究分别从管护频率和管护强度两个维度探究农户参与石漠化林业治理的林木管护行为，以农户平均每年对林木的管护次数来表征农户参与管护的频率，以农户平均每年林木管护的劳动力投入表征农户参与林木管护的强度。

7.2.2.2 林地产权变量

林地产权变量是本章的核心解释变量，同样包含林地产权安全性和林地产权完整性两个方面，并从农户的认知角度测度，对两者的测度指标与赋值处理与 6.2.3 相同，在此不再赘述。相对于造林而言，林木管护需要农户投入更多的时间和精力，林木管护也是农户把石漠化治理人工造林的治理成果进一步巩固并转化为增加未来林业收入的重要途径。安全的林地产权能够给农户带来稳定的预期和保障，因此预期林地产权安全性正向促进农户参与石漠化林业治理的管护行为。同样，考虑到农户对林地产权安全性以及林地产权完整性的认知与其管护行为之间可能会存在一定的内生性，本研究参考 Ma etal.（2013，2016）、吉登艳（2015）、杨扬（2018）等人的做法，采用本村其他农户对林地产权安全性以及林地产权完整性认知的平均值来代替农户个人的林地产权安全性以及林地产权结构完整性认知。

7.2.2.3 石漠化治理政策变量

石漠化治理政策变量同样是影响农户参与林木管护的重要因素，因此也把石漠化治理变量纳入模型进行分析。林木管护的好坏决定了石漠化林业治理效果的长期发挥，也决定了农户未来的收获与收益，相对于人工造林而言，林木管护是更为精细、持久的活动。农户对管护技术的掌握程度决定了林木管护的效果。然而，农户由于文化水平有限，对现代种植和管护技术掌握不够，往往倾向于用传统的方式进行管护，甚至有些农户可能会出于非农就业等其他原因对林木疏于管护，严重影响种植效益。在本研究的调研区域，当地政府部门为解决石漠化山区种植核桃后的管护问题，采取了与农户签订管护合同以及派驻核桃技术员的形式来约束和帮助农户对核桃进行管护。因此，农户是否签订管护合同以及是否容易获得管护技术指导可以被视为石漠化林业治理管护阶段政策的代理变量。签订管护合同的农户受到合同条款的制约，管护核桃的责任心更强。获得管护技术指导的农户更容易掌握林木的抚育和管理技术，增强管护的信心，提高未来收益的预期，以及在石漠化林地上种植和管理林木所需的技术。因此，预期签订管护合同及获得管护指导这两个变量正向促进农户林木管护的频率与强度。

7.2.2.4 其他控制变量

为控制其他可能影响农户参与林木管护行为的因素以缓解遗漏变量可能对估计结果造成影响，除林地产权认知变量和石漠化治理变量外，还尽可能地控制了一系列有可能影响农户参与林木管护行为的其他变量，包括农户个人及家庭特征变量、林地禀赋特征变量及村级特征变量等。其中，农户个人及家庭特征变量包括户主的年龄、户主的文化程度、户主的非农经历、家庭非农就业劳动力数、家庭林业收入等；林地禀赋特征变量包括林地面积、林地地块数、林地石漠化程度、林地离家平均距离等；村级特征变量包括村离最近乡镇的距离、村人均纯收入水平。

7.2.3 描述性统计分析

表 7-1 呈现了主要变量的定义及描述性统计。

表 7-1 变量定义及描述性统计

变量	变量定义及单位	均值	标准差	最小值	最大值
农户管护行为					
管护频率	农户平均每年对林木的管护次数	2.470	1.830	0	13
管护强度	农户平均每年林木管护的劳动力投入（工）	22.02	24.13	0	140
林地产权变量[①]					
林地产权安全性	由农户对林地未来发生调整、征用或纠纷的风险预期加权平均	1.118	0.484	0	2
林地使用权完整性	由农户对林地转为农业用途、林地转为其他林业用途、自主选择树种以及经营非木质林产品等四项权利持有情况的认知值加权而得	1.574	0.930	0	3
林地流转权完整性	由农户对林地转给本村人或转给外村人的权利认知值加权而得	2.056	0.697	0.500	3
林地抵押权完整性	农户对林地及林木抵押权持有情况的认知值：0=无；1=不确定；2=有，但需经林业管部门或村集体同意；3=有	1.628	1.214	0	3
石漠化治理变量					
管护合同	农户是否签订管护合同，0=无，1=有	0.572	0.495	0	1
管护指导	农户是否获得管护指导：0=否；1=是	0.705	0.456	0	1
农户及家庭特征变量					
户主年龄	户主实际年龄（岁）	47.66	9.290	21	68
户主文化程度	户主实际受教育年限（年）	7.628	2.325	2	16
户主非农经历	户主是否有外出打工经历：0=无；1=有	0.650	0.500	0	1
家庭非农就业劳动力数	根据家庭从事非农就业的劳动力折算为标准劳动力	1.084	0.748	0	3.500
家庭林业收入	2018年家庭林业总收入（元）	6761	3151	2096	23068
林地特征变量					
林地面积	农户实际拥有林地的总面积（亩）	29.65	14.77	4	67
林地地块数	农户实际拥有林地地块数量（块）	9.384	4.354	2	26
林地石漠化程度	1=极重度；2=重度；3=中度；4=轻度；5=潜在石漠化	3.251	0.966	1	5
林地距离	林地离家平均距离（公里）	2.444	1.711	0.100	9
村庄环境					
村距离	村中心到最近乡镇的距离（公里）	12.93	7.164	2	35
村经济情况	村人均纯收入（元）	8313.66	1661.131	7000	10500

注：①对林地产权认知与农户林木管护行为的内生性处理方法与6.2.3相同。

从表7-1中可以看出，在样本农户中，农户的管护频率（平均每年对林木的管护次数）的均值为2.47次，农户的管护强度（平均每年林木管护的劳动力投入）的均值为22个工左右，说明总体管护投入仍比较低，农户管护的积极性没有充分调动。在林地产权变量中，农户对林地产权安全性认知均值为1.118，林地使用权完整性的认知均值为1.574，林地流转权完整性的认知均值为2.056，林地抵押权完整性的认知均值为1.628，说明样本农户的集体林地产权认知总体水平较低。在石漠化治理变量中，是否签订管护合同的均值为0.572，是否获得管护指导的均值为0.705。户主个人及家庭特征变量中，户主平均年龄约为48岁，平均受教育年限约为8年，拥有非农经历的户主占65%，家庭非农就业劳动力数的均值为1.084，2018年家庭林业收入均值约为6761元。在林地特征中，林地面积平均为29.65亩，林地地块平均为9.384块，表明农户的林地经营规模为中等规模，林地的细碎化程度较高。林地石漠化程度均值为3.251，说明林地的立地条件较差。林地距离的均值为2.444千米。此外，村庄环境中，村中心到最近乡镇的平均距离约为12.93千米，村庄人均纯收入的均值约为8313元。

7.3 实证结果与分析

运用Stata15.0统计软件实证检验林地产权对农户参与林木管护行为的影响。为检查模型自变量的多重共线性，在回归之前，同样计算了自变量的方差膨胀因子，结果显示VIF均值远小于10，说明模型不存在明显的共线性问题。在数据处理上，自变量中家庭林业收入、林地面积、村距离以及村经济情况等变量进行了对数化处理。对出现零值取对数的问题，为方便估计，仍将其等同于零值进行处理。

表7-2中模型（1）（2）（3）分别呈现了农户林木管护频率的负二项

回归结果及其边际效应。模型（1）为只加入林地产权安全性变量的实证结果，模型（2）则在模型（1）的基础上加入了代表林地使用权完整性、林地流转权完整性以及林地抵押权完整性等三个代表林地产权结构的变量。模型（3）是基于模型（2）计算的平均边际效应。模型（4）（5）（6）则分别呈现了农户林木管护强度的Tobit回归结果及其边际效应。其中，模型（4）（5）分别为只加入林地产权安全性变量以及加入全部林地产权变量的估计结果，模型（6）为基于模型（5）的平均边际效应。下面主要结合模型（2）和模型（3）、模型（5）和模型（6）解释各个变量对农户管护频率与管护强度的影响。

7.3.1 林地产权变量对农户参与林木管护行为的影响

从林地产权安全性的影响来看，林地产权安全性与农户林木管护频率、管护强度均通过了1%的显著性检验，且系数为正，说明农户感知到的林地产权越安全，其对农户参与林木管护的频率和管护强度的激励作用越大，并且这种激励效应在加入了林地产权结构完整性变量后得到了增强。对比模型（1）和模型（2）、模型（4）和模型（5）可知，加入林地产权结构完整性变量后，林地产权安全对农户林木管护频率的影响系数从0.184上升到0.218，对农户林木管护强度的影响系数从6.264上升到7.681，说明赋予农户更完整的林地权利可以进一步提高林地产权的安全性。在农户感知到林地产权越安全的情况下，其参与管护的频率和管护强度都有所提高。从边际效应看，林地产权安全性对农户管护频率和管护强度的平均边际效应分别达到了0.539和4.69，即在其他因素不变的情况下，林地产权安全性每上升1单位，农户参与林木管护的频率和管护强度分别提高53.9%和469%。

表 7-2 回归结果

变量类型	变量	管护频率		边际效应	管护强度		边际效应
		(1)	(2)	(3)	(4)	(5)	(6)
林地产权变量	林地产权安全性	0.184***(0.0704)	0.218***(0.0752)	0.539***(0.190)	6.264***(2.360)	7.681***(2.285)	4.690***(1.396)
	林地使用权权完整性		0.108**(0.0455)	0.267**(0.113)		4.781***(1.120)	2.919***(0.683)
	林地流转权完整性		-0.0109(0.0415)	-0.0269(0.103)		3.754***(1.463)	2.292**(0.894)
	林地抵押权完整性		0.0314(0.0317)	0.0776(0.0783)		2.745***(0.956)	1.676***(0.583)
石漠化治理变量	管护合同	0.164***(0.0636)	0.149**(0.0703)	0.367**(0.174)	3.556(2.252)	1.811(2.151)	1.106(1.312)
	管护指导	0.843***(0.127)	0.840***(0.134)	2.075***(0.314)	25.62***(2.970)	22.62***(2.912)	13.81***(1.776)
农户及家庭特征	户主年龄	-0.0007(0.0037)	-1.26e-05(0.0039)	-3.11e-05(0.0095)	0.0457(0.120)	0.0653(0.114)	0.0399(0.0696)
	户主文化程度	0.0507***(0.0154)	0.0489***(0.0156)	0.121***(0.0391)	1.788***(0.434)	1.694***(0.413)	1.034***(0.252)
	户主非农经历	-0.0752(0.0702)	-0.0560(0.0741)	-0.138(0.183)	-7.359***(2.263)	-6.366***(2.150)	-3.887***(1.313)
	家庭非农就业劳动力数	-0.0151(0.0404)	-0.0395(0.0433)	-0.0975(0.107)	0.563(1.451)	-0.649(1.394)	-0.396(0.851)
	家庭林业收入	0.0689(0.0915)	0.0660(0.0948)	0.163(0.235)	1.709(2.492)	1.534(2.383)	0.937(1.455)
林地特征	林地面积	0.225***(0.0777)	0.176**(0.0871)	0.435**(0.217)	4.428(2.856)	3.250(2.738)	1.984(1.671)
	林地地块数	-0.0071(0.0091)	-0.00794(0.0093)	-0.0196(0.0230)	1.560***(0.324)	1.403***(0.310)	0.857***(0.190)
	林地石漠化程度	0.0413(0.0365)	0.0450(0.0366)	0.111(0.0911)	-0.244(1.028)	-0.876(0.984)	-0.535(0.601)
	林地距离	0.0536***(0.0169)	0.0401***(0.0165)	0.0991**(0.0405)	2.488**(0.632)	1.145*(0.628)	0.699(0.383)
村庄环境	村距离	-0.170(0.106)	-0.150(0.110)	-0.371(0.273)	-10.32**(2.480)	-8.723***(2.375)	-5.326***(1.445)
	村经济情况	-2.045***(0.621)	-2.413***(0.699)	-5.959***(1.751)	35.28*(18.72)	22.17(17.91)	13.54(10.94)
	常数项	17.20***(5.666)	20.47***(6.398)		-367.9**(171.2)	-258.0(163.7)	
	Wald chi2/ LR chi2(17)	288.28***	309.89***		344.23***	402.47***	
	Log pseudolikelihood/ Log likelihood	-948.14163	-941.2836		-2080.9913	-2051.8719	
	Pseudo R^2	0.1044	0.1109		0.0764	0.0893	
	Observations	549	549	549	549	549	549

注：①***、**和*分别表示在1%、5%和10%的水平上显著；②括号中为稳健标准误。

从林地使用权完整性的影响来看，林地使用权完整性对农户林木管护频率和管护强度的影响均为正，且分别通过了5%和1%的显著性检验，其对林木管护频率与管护强度的平均边际效应分别达到了0.267和2.919，说明赋予农户完整的林地使用权可以有效地提高农户参与林木管护的频率和强度。这是因为，完整的林地使用权赋予农户更大的产权行为能力，尤其在林木生产周期长、经济效益见效慢的情况下，赋予农户经营非木质产品的权利非常重要。在本研究的调研区域，在石漠化山地上种植核桃虽然能较好地发挥生态作用，但由于核桃从种植到挂果的周期长达8年之久，甚至更长，短期内农户难以享受到参与核桃种植带来的经济效益，在一定程度上抑制了农户参与核桃管护的积极性。当地政府为缓解这一矛盾，鼓励农户发展核桃林下间套种或养殖，在核桃林下间套种黄豆、花生、药材等矮秆农作物或在核桃林下养鸡，以发挥"以短养长，以耕促抚"的作用，在一定程度上提高了农户参与核桃管护的积极性。

林地流转权完整性对农户管护行为的影响与预期不完全一致，林地流转权完整性对农户管护频率的影响不显著，且符号为负，但对农户管护强度却有显著的正向促进作用，通过了5%的显著性检验，其对农户管护强度的平均边际效应达到了2.292。这表明在其他因素不变的情况下，林地流转权完整性每提高1个单位，农户的管护强度将提高292.2%。可能原因在于，在林木管护环节，完整的林地流转权增大了农户通过加大当前林木管护投入以在未来获得更高的投资价值或收益补偿的信心，但相比于管护频率（次数）而言，农户对林木的管护强度（实际投入管护的天数）更有利于提高林木未来的收益。因此，完整的林地流转权促进了农户当前对林木管护的劳动力投入强度。

从林地抵押权完整性的影响来看，林地抵押权完整性正向影响农户参与林木管护的频率和强度，但仅在管护强度模型中通过了1%的显著性检验，其对农户管护强度的平均边际效应为1.676，说明在其他因素不变的情况下，林地抵押权完整性每提高1个单位，农户的管护强度，即农户平均每年对林木管护的劳动力投入将提高167.6%。这与上一章农户参与人工造林阶段林地抵押权完整性负向影响农户人工造林的资金投入和劳动力投入水平的结论有所区别。可能的原因是，相对于人工造林而言，林木管护是更加长期的持续性投入行为，农户所需要投入的资金和人力要大得多，持续管护可能受到自有资金约束的可能性更大，因此对金融机构的信贷需求可能更大。而赋予农户更完整的林地抵押权可能会增加农户未来通过林地抵押获得贷款的可能性预期，从而激励其加大当前对林木管护的劳动力投入水平以提高林地的抵押价值。

7.3.2 石漠化治理变量对农户参与林木管护行为的影响

从表 7-2 中模型（2）和模型（5）可知，签订管护合同对农户参与林木管护频率和管护强度的影响为正，但仅在管护频率模型中通过了 5% 的显著性检验，签订管护合同对管护频率的平均边际效应为 0.367，表明签订了管护合同的农户对林木的管护频率比没有签订管护合同的农户高出 36.7%。可见，农户签订管护合同有利于约束和强化农户对林木管护的行为和责任心，促使其增加对林木的管护频率。获得管护指导显著地促进了农户参与林木管护的频率和管护强度，两者均通过了 1%的显著性检验，获得管护指导对农户参与林木管护频率以及管护强度的平均边际效应分别达到了 2.075 和 13.81，表示获得管护指导的农户对林木的管护频率与管护强度明显高于没有获得管护指导的农户。这是因为获得管护指导的农户更容易掌握管护技术，增强管护的信心以及未来收益的预期，因而更倾向于对林木进行精心管护。这也与调研区的实际情况相符。凤山县为了帮助农户发展核桃种植，成立了专门的核桃产业发展办公室，建立了县、乡、村三级技术服务体系，实行"干部包乡，乡级技术员管村"的机制，在辖区的每个乡都设立核桃产业发展工作服务站，配备县级技术员和乡级技术员，确保农户核桃种植的技术培训和服务。[①]

---

① 资料来源于凤山县核桃产业发展办公室。

7.3.3 其他控制变量的影响

表 7-2 中模型（2）和模型（5）显示，户主文化程度与农户的管护频率及管护强度均通过了 1% 的显著性检验，且系数为正。一方面，可能是因为文化程度高的农户对林权改革政策、石漠化治理政策及重要性更了解，更容易对管护林木产生的未来收益有高预期；另一方面，可能是因为文化程度高的农户更容易吸收掌握管护林木的技术，更有信心通过管护好林木以在未来获得更高的收益，从而也就倾向于加大其当前对林木的管护频率与管护强度。户主的非农经历对农户的管护频率影响为负但不显著，对农户的管护强度的影响为负，且通过了 1% 的显著性检验。户主非农经历对农户管护强度的平均边际效应为−3.887，说明有非农经历的户主个人对林木的劳动力投入大大低于没有非农经历的户主。但从整个家庭的非农就业劳动力数变量的影响来看，家庭非农就业劳动力数对农户管护频率与管护强度的影响虽为负但不显著，这说明非农就业并不一定显著影响农户的管护行为。家庭林业收入对农户管护频率、管护强度的影响为正，但不显著。这可能是因为，相对于人工造林而言，管护阶段农户需要平衡长期持续投入与短期无法获得收益的矛盾，有可能倾向于把家庭资金投向其他边际收益更高的经济活动。

林地面积对农户的管护频率和管护强度的影响均为正，但仅在管护频率模型中通过了 1% 的显著性检验，面积较大的林地更有可能实现规模经营，从而促使农户增加对林地的管护频率，但较大的林地规模导致农户没有办法对单位面积林木的管护投入足够的劳动力（杨扬，2018）。林地地块数对农户的管护频率影响为负但不显著，对农户的管护强度影响为正，且通过了 1% 的显著性检验，可能的原因是过于细碎分散的林地增加了农户管护的难度和成本，从而减少了农户的管护频率。但细碎分散的林地也有可能让农户更容易分辨哪些地块的林木更需要管护或哪些地块的未来收益更高，从而有可能使农户有选择地增加某些地块的管护强度。林地的石漠化程度对农户的管护频率与管护强度没有明显的影响，可能是因为本研究调研的区域中，核桃基本上都是种植在石山区域，因此农户的管护成本和难度并无本质上的区别。林地距离正向影响农户的管护频率与管护强度，并且分别通过了 5% 和 10% 的显著性检验。直观地看，离家越远的林地越不方便管护，因此按理农户应该更倾向于管护离家近的林地。但事实上，离家近的林地可以节约农户管护的时间和劳动力成本，相比之下，离家远的林地反而相对更需要投入更多的劳动力进行管护（杨扬，2018）。

村庄到最近乡镇的距离负向影响农户的管护频率与管护强度，但只在管护强度模型中通过了 1% 的显著性检验，可能的原因是距离乡镇越远的村庄经济发展可能更落后，信息更闭塞，对于相关的管护技术的获取可能也更难，在核桃种植周期长、经济效益见效慢的情况下，农户可能更倾向于从事其他收益较快的活动，因此农户对核桃的管护频率与管护强度在一定程度上有所减少。村经济情况负向显著地影响农户的管护频率，可能的原因是经济发展水平越高的村庄其非农经济来源渠道更多，农户对林地的依赖较低，因此可能倾向于选择从事其他非林行为，从而减少了对林木的管护频率。

7.4 稳健性检验

为了检验回归结果的稳健性，本书采用剔除60岁以上人群样本的方法重新对模型进行回归检验，这样做的原因在于核桃的管护不仅包括日常的施肥、除杂，还包含开沟、爬高剪枝、除虫等手段，而体质较弱的老年人难以适应石山区域的持续性的林木管护活动。如表7-3所示，在剔除了剔除60岁以上老年人样本后，林地产权变量、石漠化治理政策等变量对农户林木管护频率与管护强度的影响与表7-2的结果基本一致，这说明本章的实证分析结果较为稳健。

表 7-3 剔除 60 岁以上老人样本的回归结果

变量类型	变量	管护频率		边际效应		管护强度	边际效应
		(1)	(2)	(3)	(4)	(5)	(6)
林地产权	林地产权安全性	0.178**(0.0764)	0.199**(0.0802)	0.479***(0.197)	5.222***(2.317)	6.464***(2.247)	3.924***(1.365)
	林地使用权完整性		0.0826*(0.0460)	0.199*(0.111)		4.376***(1.101)	2.657***(0.668)
	林地流转权完整性		0.00885(0.0431)	0.0213(0.104)		2.844**(1.440)	1.727**(0.875)
	林地抵押权完整性		0.0210(0.0336)	0.0507(0.0808)		2.697***(0.957)	1.637***(0.581)
石漠化治理	管护合同	0.176**(0.0687)	0.170**(0.0731)	0.410**(0.177)	2.352(2.228)	1.436(2.127)	0.872(1.291)
理变量	管护指导	0.823***(0.134)	0.815***(0.144)	1.965***(0.329)	25.37***(2.916)	22.41***(2.873)	13.61***(1.743)
农户及家庭特征	户主年龄	-0.0047(0.0042)	-0.0040(0.0044)	-0.0097(0.0107)	-0.0810(0.134)	-0.0422(0.128)	-0.0256(0.0775)
	户主文化程度	0.0518***(0.0179)	0.0507***(0.0183)	0.122**(0.0448)	1.368***(0.443)	1.303***(0.422)	0.791***(0.256)
	户主非农经历	-0.0691(0.0720)	-0.0547(0.0755)	-0.132(0.182)	-7.795***(2.163)	-6.894***(2.061)	-4.186***(1.252)
	家庭非农就业劳动力数	-0.0156(0.0463)	-0.0339(0.0482)	-0.0817(0.116)	1.460(1.451)	0.296(1.398)	0.180(0.849)
	家庭林业收入	0.0768(0.0988)	0.0764(0.102)	0.184(0.245)	0.894(2.430)	0.644(2.331)	0.391(1.415)
林地特征	林地面积	0.230***(0.0838)	0.196***(0.0904)	0.472***(0.221)	5.608***(2.865)	4.387(2.749)	2.664(1.668)
	林地块数	-0.0056(0.0102)	-0.0066(0.0105)	-0.0158(0.0254)	1.165***(0.330)	1.041***(0.317)	0.632***(0.193)
	林地石漠化程度	0.0378(0.0380)	0.0379(0.0378)	0.0913(0.0916)	-0.556(1.004)	-1.157(0.964)	-0.703(0.585)
	林地距离	0.0492***(0.0190)	0.0353*(0.0189)	0.0851*(0.0453)	2.864***(0.643)	1.501***(0.644)	0.911**(0.391)
村庄环境	村距离	-0.213**(0.106)	-0.192*(0.111)	-0.463**(0.270)	-10.03***(2.415)	-8.516***(2.319)	-5.170***(1.403)
	村经济情况	-1.693***(0.599)	-1.993***(0.681)	-4.803***(1.653)	35.38***(18.58)	22.01(17.83)	13.36(10.82)
	常数项	14.18**(5.515)	16.81**(6.275)		-352.5**(169.7)	-238.0(162.8)	
	Wald chi2/ LR chi2	226.17***	266.77***		282.99***	331.68***	
	Log pseudolikelihood/ Log likelihood	-847.19951	-843.4844		-1830.8999	-1806.5535	
	Pseudo R^2	0.1002	0.1042		0.0717	0.0841	
	Observations	492	492	492	492	492	492

注：①***、**和*分别表示在1%、5%和10%的水平上显著；②括号中为稳健标准误。

7.5 本章小结

对前期治理成果持续有效的管护是实现石漠化林业治理长效机制的重要手段。在新一轮集体林权制度改革之后，农户成为林地的主要管护主体，激励农户对石漠化林业治理的成果进行持续管护，对于石漠化地区遏制森林资源严重退化的恶性循环、促进石漠化地区林业经济可持续发展无疑是非常重要的。本章重点关注林地产权对石漠化林业治理人工造林之后农户林木管护行为的影响，利用广西凤山县农户核桃管护的调研数据，分析新一轮集体林权制度改革后林地产权安全性以及林地产权结构完整性对农户参与林木管护频率、管护强度的影响，以期为进一步完善集体林权制度改革的相关政策措施、调动农户管护石漠化林业治理成果的积极性、促进石漠化地区森林可持续发展与实现石漠化林业治理长效机制提供理论和现实依据。

本章的研究结论如下。

（1）林地产权安全性正向显著影响农户参与林木管护的频率和管护强度，其对农户管护频率和管护强度的平均边际效应分别达到了0.539和4.69，说明林地产权越安全，其对农户参与林木管护的频率和管护强度的激励作用越大；加入林地产权结构完整性变量后，林地产权安全对农户林木管护频率的影响系数从0.184上升到0.218，对农户林木管护强度的影响系数从6.264上升到7.681，说明赋予农户更完整的林地权利可以进一步提高林地产权安全性对农户林木的管护频率和管护强度。

（2）林地使用权完整性正向显著影响农户参与林木管护的频率和管护强度，其对林木管护频率与管护强度的平均边际效应分别达到了0.267和2.919，说明赋予农户完整的林地使用权可以有效地提高农户参与管护的频率和强度。林地流转权完整性对农户林木管护强度有显著的正向促进作用，其对农户林木管护强度的平均边际效应为2.292，但对农户参与林木管护的频率影响不显著。林地抵押权完整性正向显著影响农户的林木管护强度，其对农户管护强度的平均边际效应为1.676，说明林地抵押权完整性有利于激励农户加大当前对林木管护的劳动力投入水平以提高林地的抵押价值。

（3）签订管护合同正向显著影响农户参与林木管护的频率，签订管护合同的农户对林木的管护频率比没有签订管护合同的农户高出 36.7%。获得管护指导对农户参与林木管护的频率和管护强度有显著的正向促进作用，对农户参与林木管护频率以及管护强度的平均边际效应分别达到了 2.075 和 13.81，获得管护指导的农户对林木的管护频率与管护强度明显高于没有获得管护指导的农户。

（4）其他控制变量中，户主文化程度、林地面积、林地距离等正向显著地影响农户的管护频率与管护强度；户主的非农经历会降低其个人对林地的管护强度，但从家庭角度看，非农就业并不一定显著地降低农户的管护行为。林地地块数正向显著地促进了农户的林地管护强度。村庄距离负向显著地影响农户的管护强度；而村庄经济情况则负向显著地影响农户的管护频率。此外，家庭林业收入、林地石漠化程度等指标对农户的管护频率和管护强度没有显著影响。

（5）在剔除了60岁以上老年人样本后进行重新回归发现，研究结果依然稳健。

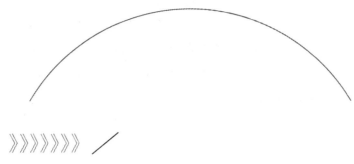

8 林地产权对农户参与
封山育林行为的影响分析

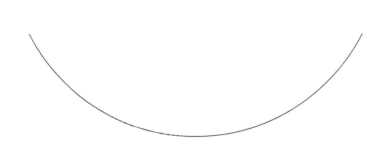

　　封山育林是石漠化林业治理工程的主要形式之一，对于恢复石漠化地区的森林植被、防止水土流失、改善生态环境等具有十分重大的意义。在石漠化地区，封山育林工程的实施主要是在坡陡、基岩裸露率高、植被稀少的石山顶部，或人为破坏严重的区域采取全封、半封或轮封的形式，限制人类开垦、采樵、放牧和山火等行为，同时有针对性地采取一些补植补播、间伐等人工措施，促进森林植被恢复。胡业翠等（2008）的研究证明，林业植被恢复工程对石漠化治理的影响非常显著，森林覆盖率的提高能显著缩减土地石漠化的面积。封山育林对恢复石漠化地区的森林植被、保护石漠化地区生物多样性、防治病虫害以及涵养水源、保持水土方面发挥很大的生态功效，对建立结构稳定的林业生态系统至关重要（侯远瑞，2014）。此外，封山育林具有投资少、技术简便、适用性广等优势，适合在岩溶石漠化地区广泛推广（杨梅等，2003；侯远瑞，2013），对实现石漠化长效治理目标有不可替代的作用。

　　石漠化地区山多地少，农户在山靠山、靠山吃山，对林地林木资源的依赖性很大，而封山育林时间一般需要五年以上，石漠化严重的区域甚至长达几十年之久。封山育林期间往往采用行政强制手段和村规民约等来限制农户在封山区域的开垦、采樵、放牧等行为，虽然大大减少了人为活动对石漠化林地的干扰，但在某种程度上损害或牺牲了农户的部分眼前利益，对农户的生产生活方式带来了较大的影响。因此，农户是否积极配合和遵守封山育林规定，是决定封山育林工程能否顺利实施的关键。如何协调好眼前利益与长期利益，在确保农户利益的前提下激励农户主动参与封山育林工程，减少人为的破坏活动，从而实现林地的保护，是值得我们深入探讨的问题。实践证明，20世纪80年代初期的林业"三定"政策将部分山林经营权落实到农户，使得林地经营利益与农户利益直接挂钩，极大地调动了农民封山育林的积极性（温佐吾、马宏勋，1999）。有学者认为，强制封山育林并非要剥夺或封死农户的山林经营权，从本质上看，封山育林是一种长期营林造林的方法措施，便于林木更好地自然生长（陈新海、周从余等，2002）。新一轮集体林权制度改革后,林地产权进一步明晰,农户获得更安全稳定的林地产权。本章旨在探究新一轮集体林权制度改革后所导致的林地权利的变化是否会对石漠化地区农户参与封山育林的行为产生影响。

8.1 理论分析与研究假设

如前所述,封山育林从本质上看是一种长期的营造林方式(陈新海、周从余等，2002),通过长期的封育使林木更好地生长。值得注意的是,划为封山育林区域的林地通常都是生态公益林地,国家明确规定,对生态公益林实施严格的保护措施，限制对生态公益林的经营、采伐、流转以及抵押等行为，这就意味着农户对生态公益林的使用权、流转权和抵押权等权利是受限制的，但农户享有从政府领取生态公益林补偿金的收益权，农户参与封山育林获得的收益也主要来源于政府的生态补偿金。在新一轮集体林权制度改革后，集体生态公益林的权属主要分为两种情形[①]：一是确权到集体，由集体统一经营和管护，发放集体林权证，然后采用均股均利的方式将国家生态林补偿金直接发到农户个人账户；二是对一部分宜分的公益林林地，在保持公益林性质不变的前提下，采取像商品林一样均山到户的方式确权到农户个人，给农户发放林权证，国家生态公益林补偿金直接发放到个人账户（黄学勇等，2011）。可见，不管采用哪种确权方式，只要在林地权属明晰的情况下，农户就可以从中获得相应的生态补偿收益。因此，本研究认为，在生态公益林产权结构不完整的情况下，林地产权对农户参与封山育林行为的影响主要来自于林改确权下的林地产权安全性的变化。一方面，通过林权制度改革明晰林

---

① 在石漠化地区，除确权到集体和确权到个人这两种确权方式外，还采取了自然村、村民小组"联户确权、均股分利"的确权方式，但这种方式类似于确权到集体、均利到户。因此，本研究把这两者统称为"均股均利到户"确权方式。

地权利，赋予农户更安全稳定的林地产权，意味着农户可以获得相应的林权收益，包括政府为征用林地作为生态公益林①而给农户的生态补偿收益，这种由产权安全所带来的收益保障效应对农户参与封山育林、保护林地的行为产生激励作用。另一方面，林地产权的明晰也意味着农户要承担过度利用林地资源或破坏林地资源的成本，从而约束农户的林地利用行为，减少农户在封山区域的乱砍滥伐、开垦、采樵、放牧、烧火等破坏行为。由此得到第一个研究假设：

假设1：林地产权安全性越高，农户参与封山育林的可能性越高。

此外，有学者认为，确权有效地了保障农户的土地权益，但这种权益保障效应又因不同的确权方式而异（张雷、高名姿等，2015）。如前所述，石漠化山区在林改过程中因地制宜地采取了均股均利、均山到户的林地确权方式。相应地，石漠化地区封山育林的组织形式也分为农户部分承包林地封山育林、村组集体林地封山育林等形式。与农地家庭承包经营类似，林地均山到户明确了农户与林地对应的权属关系，农户可根据意愿自由决定林地的经营和管护，这种确权模式下林地的产权安全性更高，但均山到户导致的林地细碎化可能会增加其营林成本及抗灾风险。相比之下，均股均利确权方式的优势体现为可实现林地的集约化经营管理、较高的自然风险抵御能力以及缓解因"四至不清"而导致的邻里矛盾，但均股均利模式下农户与林地之间的权属关系模糊，弱化了农户对林地的排他权、处置权（廖俊、韦锋等，2017），从而可能导致其产权安全性相对较低。为考察不同林地确权方式对农户林地安全保障作用的差异及其对农户参与封山育林行为的影响，本研究在模型中加入了确权方式变量，并提出第二个研究假设：

假设2：不同的林地确权方式对农户参与石漠化林业治理封山育林行动的影响程度有所不同。

———————————

① 有学者认为,政府出于生态保护目的将部分集体林地划为生态公益林的行为类似于林地征用，限制了农户对这部分林地的使用权。

8.2 模型设计、变量定义与描述性统计

8.2.1 模型设计

本章研究的是林地产权对农户参与封山育林决策的影响，以农户是否参与封山育林为被解释变量。农户是否参与封山育林为"0"或"1"的二元选择变量，因此选用二元 Logit 模型进行估计。二元 Logit 模型的概率函数如下：

$$P = F(Y) = F\left(\alpha + \sum_{i=1}^{n}\beta_i X_i + \mu\right) = \frac{\exp\left(\alpha + \sum_{i=1}^{n}\beta_i X_i + \mu\right)}{1 + \exp\left(\sum_{i=1}^{n}\beta_i X_i + \mu\right)} \tag{8-1}$$

对 P 进行 Logit 转换得：

$$\ln\left(\frac{P}{1-P}\right) = \alpha + \sum_{i=1}^{n}\beta_i X_i + \mu \tag{8-2}$$

其中，P 表示农户参与封山育林的概率；X_i 代表影响农户参与封山育林行动的一系列因素，包括林地产权变量、石漠化治理变量及其他控制变量等。α、β_i 为待估参数，μ 为扰动项。

8.2.2 变量选择与定义

8.2.2.1 农户是否参与封山育林变量

如上所述，被解释变量为农户是否参与封山育林的行动决策。根据 2.1.4 的概念界定，本研究所指的农户参与封山育林行为，是指农户遵守相关封山育林规定，不在封山区域进行开垦、采樵、放牧、烧火等行为。本研究通过在农户调研中设置提问"您是否在封山区域有过（1.放牧；2.砍柴；3.采摘；4.烧火）等违反封山育林规定的行为"来判断农户是否参与封山育林，若农户并没有以上任何行为，则判断农户参与了封山育林。赋值为 1；相反，若农户存在上述任何一种或多种行为，则判断

农户没有参与封山育林，赋值为 0。

8.2.2.2 林地产权变量

林地产权是本章的核心解释变量，但与第 6、7 章不同的是，本章的林地产权变量仅包括林地产权安全性，原因在于封山育林的对象主要是生态公益林地，而国家明确生态公益林不能采伐、流转和抵押，因此农户对生态林地的使用权、流转权和抵押权是受到严格限制的。林地产权安全的测度方式与赋值处理与 6.2.3 相同，在此不再赘述。安全的林地产权能够给农户带来稳定的预期和保障，因此预期林地产权安全能显著提高农户参与封山育林的可能性。

此外，为了探究不同林地确权方式对农户林地产权安全保障影响的差异，在模型中纳入了林地确权方式变量，并根据调研区域的实际情况，把"确权到集体，均利到户""股份均山到户"这两种确权方式统称为"均股均利到户"模式，对于林地确权以均股均利为主的赋值为 0，对于林地确权以直接均山到户为主的赋值为 1。

8.2.2.3 石漠化治理政策变量

同样，本研究认为石漠化治理变量也是影响农户参与封山育林的重要因素，因此与第 6、7 章一样，本章也把石漠化治理变量纳入模型进行分析。不同的是，影响农户参与封山育林行为的石漠化治理政策变量包括封山育林规定、建设沼气池或节能灶和发放生态补偿等三个方面。首先，为了让农户更好地了解石漠化林业治理封山育林工程的重要性，各级政府部门自上而下地制定了一系列封山育林规则并在村集体层面对农户进行宣传教育，并通过设立封山育林警示牌、编制封山育林的民间歌谣等形式让农户熟知。本研究认为，农户对封山育林规定的认知程度可以很好地反映这些措施的实施情况。因此，用"农户是否熟知封山育林规定"来作为代理变量，若农户回答对封山育林规定熟知，则赋值为 1；反之，赋值为 0。熟知封山育林规定的农户清楚地知道封山育林的重要意义以及违反封山育林规定的代价和成本，因此预期该变量能有效地促进农户参与封山育林的可能性。其次，由于林地被划为生态公益林进行封山育林意味着农户对林地的使用权、流转权、抵押权等受到了严格限制，农户无法通过经营林地获得林业经济收入，也无法实现林地的流转、抵押等功能，为了激励农户参与封山育林，政府采用生态补偿的办法减少农户的损失。因此，本研究用"农户每年获得的生态补偿金额"来衡量生态补偿政策的实施情况，预期生态补偿对农户参与封山育林的影响为正。此外，为了减少石漠化地区农户因薪柴能源需求而进行的砍柴行为，石漠化治理过程中推行了建设沼气池或节能灶等项目，作为薪柴能源的重要替代物，沼气池和节能灶的建设有助于减少农户对薪柴能源的依赖，从而更愿意参与封山育林行动。本研究以"农户家中是否有沼气池或节能灶"来衡量这项政策措施的实施情况，若农户家中有沼气池或节能灶，则赋值为 1，否则赋值为 0，并预期该变量对农户参与封山育林有正向促进作用。

8.2.2.4 其他控制变量

根据研究设计与实际影响农户参与封山育林决策的因素，选取户主特征（包括户主年龄、户主文化程度）、家庭特征（包括家庭非农就业劳动力、家庭林业收入）、林地特征（包括林地面积、林地地块数、林地石漠化程度、林地离家距离等）、村级特征（村到最近乡镇的距离、村经济发展水平）等作为控制变量纳入模型。

8.2.3 描述性统计分析

具体的变量定义及描述性统计分析如表 8-1 所示。

表 8-1 变量定义及描述性统计

变量	变量定义及单位	均值	标准差	最小值	最大值
被解释变量					
是否参与封山育林	1=是；0=否	0.648	0.478	0	1

续表

变量	变量定义及单位	均值	标准差	最小值	最大值
林地产权变量					
林地产权安全性①	由农户对林地未来发生调整、征用或纠纷的风险预期加权平均	1.118	0.484	0	2
确权方式	林地的确权方式：0=均股均利到户为主；1=均山到户为主	0.911	0.285	0	1
石漠化治理变量					
封山育林规定	农户是否熟知封山育林规定：0=否；1=是	0.852	0.0.355	0	1
生态林补贴	农户每年获得生态林补贴的金额（元）	379.145	142.652	102	850
沼气池/节能灶	农户家中是否有沼气池或节能灶：0=否；1=是	0.674	0.469	0	1
农户及家庭特征					
户主年龄	户主实际年龄（岁）	47.66	9.290	21	68
户主文化程度	户主实际受教育年限（年）	7.628	2.325	2	16
家庭非农就业劳动力数	根据家庭从事非农就业的劳动力折算为标准劳动力	1.084	0.748	0	3.500
家庭林业收入	2018年林业收入（元）	6761	3151	2096	23068
林地特征					
林地面积	农户实际拥有林地的总面积（亩）	29.65	14.77	4	67
林地地块数	农户实际拥有林地地块数量（块）	9.384	4.354	2	26
林地石漠化程度	1=极重度；2=重度；3=中度；4=轻度；5=潜在石漠化	3.251	0.966	1	5
林地距离	林地离家平均距离（公里）	2.444	1.711	0.100	9
村庄环境					
村距离	村中心到最近乡镇的距离（公里）	12.93	7.164	2	35
村经济情况	村人均纯收入（元）	8313.661	661.131	7000	10500

注：①对林地产权安全性认知与农户参与封山育林行为的内生性处理方法与6.2.3相同。

由表8-1可知，被解释变量农户是否参与封山育林的均值为0.648，表明样本中大部分农户参与了封山育林行动，没有在封山区域进行开垦、开垦、采樵、放牧、烧火等行为，但同时也表明不严格遵守封山育林规定的人也不在少数。确权方式的均值为0.911，说明调研样本农户的林地大部分以均山到户为主。在石漠化治理变量中，农户是否熟知封山育林规定的均值为0.852，说明封山育林的政策宣传比较到位；生态林补贴的均值约为每年379元，说明补偿总体水平偏低；67%以上的样本农户家中有沼气池或节能灶。其他变量的描述性统计与第6、7章一致，在此不再赘述。

8.3 实证结果与分析

用 Stata15.0 统计软件对式（8-2）进行了 Logit 回归，结果如表 8-2 所示。回归之前先对模型中自变量的方差膨胀因子进行了计算，显示 VIF 值在合理范围内，表明模型不存在明显的多重共线性问题。在回归时对家庭林业收入、林地面积、村到最近乡镇的距离以及村经济情况等变量进行了对数化处理。表 8-2 中模型（1）的解释变量仅包括石漠化治理变量、户主及家庭特征变量、林地特征变量以及村级特征变量等，模型（2）在模型（1）的基础上加入了林地产权安全性变量，模型（3）在模型（2）的基础上加入了确权方式变量。为更直观地显示各变量对农户参与封山育林决策的影响，在模型（3）的基础上估计了各变量对农户参与封山育林决策的平均边际效应，结果如表 8-2 中模型（4）所示。

8.3.1 林地产权变量对农户参与封山育林行为的影响

由模型（2）（3）可知，林地产权安全性变量正向影响农户参与封山育林行为的决策，并通过了 1%的显著性检验，说明不管是以哪一种确权方式为主，通过明晰产权赋予农户更安全稳定的林地产权都意味着农户可以获得明确的生态补偿收益，进而有效提高农户参与封山育林的可能性。从边际效应来看，林地产权安全性对农户参与封山育林行动的平均边际效应为 0.483，即在其他变量不变的情况下，林地产权安全性每提高 1 个单位，农户参与封山育林的可能性提高 48.3%。

从模型（3）可知，林地确权方式负向显著地影响农户参与封山育林的决定，确权方式对农户参与封山育林的平均边际效应为 -0.117，即当农户的林地确权以均山到户为主时，其参与封山育林的可能性降低 11.7%，表明林地确权方式以均山到户为主的农户参与封山育林的积极性低于以均股均利为主的农户,可能的解释是当林地以均山到户为主时,意味着农户认为自己对林地拥有更完善的使用经营权,农户可能更偏向于经营林地以获取其他林业经济收益,从而可能降低其参与封山育林的意愿。

表 8-2 Logit 模型回归结果

自变量	因变量:农户参与封山育林行动决策			
	(1)	(2)	(3)	(4)边际效应
林地产权变量				
林地产权安全性认知		2.984***(0.316)	2.877***(0.304)	0.483***(0.0404)
确权方式			−0.698***(0.268)	−0.117***(0.0437)
石漠化治理变量				
封山育林规定	1.082***(0.314)	1.383***(0.409)	1.410***(0.403)	0.237***(0.0634)
生态补偿	0.843**(0.427)	0.899*(0.464)	0.966**(0.467)	0.162**(0.0778)
沼气池/节能灶	0.240(0.207)	−0.0547(0.233)	0.0098(0.238)	0.0017(0.0401)
农户及家庭特征				
户主年龄	0.0146(0.0113)	0.0175(0.0130)	0.0178(0.0135)	0.0030(0.00225)
户主文化程度	0.0405(0.0439)	0.0262(0.0499)	0.0178(0.0502)	0.0030(0.0084)
家庭非农就业劳动力数	0.137(0.146)	0.191(0.161)	0.228(0.166)	0.0382(0.0277)
家庭林业收入	−0.242(0.239)	−0.0987(0.265)	−0.186(0.271)	−0.0312(0.0454)
林地特征				
林地面积	−0.891**(0.356)	−1.150***(0.371)	−1.335***(0.378)	−0.224***(0.0626)
林地地块数	0.0739**(0.0319)	0.105***(0.0358)	0.129***(0.0371)	0.0217***(0.0061)
林地石漠化程度	−0.263***(0.0995)	−0.199*(0.107)	−0.200*(0.108)	−0.0335*(0.0181)
林地距离	−0.0020(0.0632)	−0.0056(0.0672)	0.0554(0.0705)	0.0093(0.0118)
村庄特征				
村距离	0.109(0.136)	0.173(0.157)	0.0338(0.166)	0.0057(0.0280)
村经济情况	−1.598(1.539)	−1.163(1.781)	−0.224(1.843)	−0.0377(0.309)
常数项	12.98(13.54)	3.967(15.66)	−2.514(16.24)	
Wald chi2	50.54***	120.93***	132.86***	
Log pseudolikelihood	−331.7960	−280.1940	−276.4489	
Pseudo R^2	0.0679	0.2129	0.2234	
Observations	549	549	549	

注:括号内为稳健标准误,*** $p<0.01$,** $p<0.05$,* $p<0.1$。

8.3.2 石漠化治理变量对农户参与封山育林行为的影响

由表 8-2 的估计结果可知，封山育林规定变量对农户参与封山育林的决策有显著的促进作用，通过了 1%的显著性水平检验，该变量对农户参与封山育林决策的边际效应为 0.237，说明熟知封山育林规定的农户参与封山育林的可能性明显高于不熟悉封山育林规定的农户，原因在于熟知封山育林规定的农户清楚地知道封山育林的重要性以及违反封山育林规定的代价和成本。生态补偿正向显著影响农户参与封山育林的意愿，通过了 5%的显著性检验，其边际效应为 0.162，说明在其他变量不变的情况下，生态补偿金每提高 1 个单位，农户参与封山育林的可能性会增加 16.2%。值得注意的是，沼气池或节能灶的建设对农户参与封山育林决策的影响为正但不显著。这可能是因为石漠化地区农户生产生活方式发生了明显改变所致，一方面，农村青壮年劳动力进城务工，家庭分散养殖牲畜减少；另一方面，由于石漠化治理、退耕还林等工程实施带来的种植结构变化也使得秸秆原料减少，沼气池使用需要的原料缺乏导致沼气池闲置弃用。此外，由于对沼气池科学综合利用和管护认知不足等原因，一些农户更倾向于传统的薪柴烧火做饭。而随着山区电网的完善以及生活水平的提高，一些农户则倾向于使用更为方便的电能或煤气作为生活能源。

8.3.3 其他控制变量对农户参与封山育林行为的影响

户主年龄、文化程度、家庭非农就业劳动力对农户参与封山育林决策的影响为正向不显著。家庭林业收入变量负向影响农户参与封山育林的决策，但不显著。林地面积对农户参与封山育林决策的影响为负并且通过了 1%的显著性检验，说明农户拥有的林地面积越大，越倾向于通过规模经营来获取更大的林业经营收入，由此可能会降低其参与封山育林的意愿。林地地块数对农户参与封山育林决策的影响为正，且通过了 1%的显著性检验，可能的解释是林地地块数越多，林地越为细碎，一方面农户林地经营和管护的成本增加，另一方面农户可以根据林地的距离远近及质量好坏等选择资源禀赋条件更好的林地进行经营，而对于资源禀赋较差的林地则倾向于封山育林以获得生态补偿收益。林地石漠化程度对农户参与封山育林决策的影响为负，且通过了 10% 的显著性检验，说明林地石漠化程度高的农户更倾向于与参与封山育林，原因在于石漠化程度较低的林地可以通过其他经营方式获取比生态补偿更高的经济收益。

8.4 稳健性检验

采用了两种方法进行稳健性检验。第一种是变换回归方法，用 Probit 模型进行重新估计，结果如表 8-3 所示。可见，Probit 模型中对林地产权等关键变量的估计结果与 Logit 模型估计结果基本一致，说明基于 Logit 的估计结果是可靠的。

表 8-3 Probit 模型回归结果

自变量	因变量：农户参与封山育林行动决策			
	(1)	(2)	(3)	(4)边际效应
林地产权变量				
林地产权安全性认知		1.767***(0.173)	1.713***(0.169)	0.483***(0.0382)
确权方式			−0.416***(0.153)	−0.117***(0.0421)
石漠化治理变量				
封山育林规定	0.661***(0.191)	0.766***(0.224)	0.792***(0.222)	0.223***(0.0597)
生态补偿	0.508**(0.253)	0.550**(0.270)	0.592**(0.271)	0.167**(0.0758)
沼气池/节能灶	0.149(0.125)	−0.0203(0.137)	0.0123(0.139)	0.0035(0.0391)
其他控制变量	控制	控制	控制	控制
Wald chi2	52.43***	142.27***	152.95***	
Log pseudolikelihood	−331.7120	−279.2287	−275.4183	
Pseudo R^2	0.0681	0.2156	0.2263	
Observations	549	549	549	549

注：括号内为稳健标准误，*** $p<0.01$，** $p<0.05$，* $p<0.1$。

第二种方法是可以将样本按照不同的外部特征进行简单归并后再进行回归。因此，本研究以户主的文化程度、农户家庭非农就业劳动力数以及林地面积等作为依据把样本分为六个不同的组进行Logit回归，结果如表8-4所示。

表 8-4　分组回归检验结果

自变量	(1) 文化水平小学及以下	(2) 文化水平小学以上	(3) 非农就业劳动力数为1及以下	(4) 非农就业劳动力数为1以上	(5) 林地面积30亩及以下	(6) 林地面积30亩以上	(7) 家里无沼气池	(8) 家里有沼气池
林地产权变量								
林地产权安全性认知	2.547***	3.391***	2.520***	4.229***	5.194***	1.936***	2.401***	2.973***
	(0.426)	(0.485)	(0.415)	(0.642)	(1.007)	(0.526)	(0.544)	(0.389)
确权方式	−0.355	−1.072***	−0.693**	−0.898	−0.563	−0.232	−0.507	−1.080***
	(0.378)	(0.395)	(0.353)	(0.554)	(0.435)	(0.386)	(0.438)	(0.376)
石漠化治理变量								
封山育林规定	1.677***	1.347**	1.741***	0.513	1.870**	0.996*	1.215**	1.588***
	(0.603)	(0.672)	(0.512)	(0.897)	(0.835)	(0.523)	(0.591)	(0.589)
生态补偿	1.390*	0.644	0.560	1.208	1.132*	0.785	2.171***	0.748
	(0.724)	(0.650)	(0.547)	(1.031)	(0.586)	(0.608)	(0.837)	(0.612)
沼气池/节能灶	−0.0904	0.200	0.614**	−0.912**	0.523	−0.368		
	(0.341)	(0.348)	(0.298)	(0.425)	(0.349)	(0.384)		
其他控制变量	控制	控制	控制	控制	控制	控制	控制	控制
Wald chi2	61.11***	85.04***	76.21***	69.97***	49.56***	51.19***	42.55***	92.89***
Log pseudolikelihood	−129.8000	−139.8170	−173.1224	−88.5661	−110.7209	−128.7649	−96.6052	−169.0506
Pseudo R^2	0.2135	0.2651	0.2261	0.3264	0.3784	0.2687	0.2063	0.2702
Observations	249	300	339	210	286	263	179	370

注：括号内为稳健标准误，　***$p<0.01$，**$p<0.05$，*$p<0.1$。

在表8-4中，模型（1）和模型（2）按户主受教育水平分组，其中模型（1）为小学及以下的样本，模型（2）为小学以上的样本；模型（3）和模型（4）按家庭非农劳动力数分组，其中模型（3）为家庭非农劳动力数在1以下的样本，模型（4）为家庭非农就业劳动力数在1及以上的样本；模型（5）和模型（6）按林地面积分组，其中模型（5）为林地面积在30亩及以下的样本,模型(6)为林地面积在30亩以上的样本;模型(7)和模型(8)按家中是否有沼气池分组,其中模型(7)为家中无沼气池的样本,模型(8)为家中有沼气池的样本。从分组回归结果来看,无论是按照哪一种特征进行分组,林地产权安全性变量对农户参与封山育林行为决策的影响均通过了1%的显著性水平检验,结果与表8-2基本一致,其他变量的估计结果与表8-2也比较接近,说明表8-2的Logit回归结果是比较稳健的,林地产权安全性高的农户,在封山育林行动中有更高的参与率。

8.5 本章小结

封山育林对恢复石漠化地区石漠化的森林植被、防止水土流失、保护生物多样化、建立结构稳定的林业生态系统、实现石漠化长效治理等具有十分重大的意义。尽管石漠化地区的封山育林带有非常浓厚的行政强制性,但如何激励农户主动自觉遵守封山育林规定,减少在封山区域的人为破坏活动,是决定封山育林工程能否顺利实施的关键。本章利用广西凤山县农户参与封山育林的调研数据,运用Logit模型实证检验林地产权对农户参与封山育林决策的影响,结果如下。

(1)无论林地确权以哪种方式为主,林地产权安全性变量均正向显著影响农户参与封山育林行为的决策,其对农户参与封山育林行动的平均边际效应为 0.483。当农户的林地确权以均山到户为主时,其参与封山育林的可能性降低 11.7%,即林地确权方式以均山到户为主的农户参与封山育林的积极性低于以均股均利为主的农户。

(2)封山育林规定变量正向显著影响农户参与封山育林的决策,该变量对农户参与封山育林决策的平均边际效应为 0.237,即熟知封山育林规定的农户参与封山育林的可能性明显高于不熟悉封山育林规定的农户。生态补偿正向显著影响农户参与封山育林的意愿,其平均边际效应为 0.162，提高生态补偿金将有利于促进农户参与封山育林的积极性。沼气池或节能灶的建设对农户参与封山育林决策的影响为正但不显著。

（3）在其他控制变量中，林地特征变量对农户参与封山育林的决策有较显著的作用：林地面积负向显著影响农户参与封山育林的决策，林地面积越大，农户可能越倾向于通过规模经营来获取更大的林业经营收入；林地地块数正向显著影响农户参与封山育林的可能性；林地石漠化程度负向显著影响农户参与封山育林的可能性，即林地石漠化程度高的农户更倾向于与参与封山育林，原因在于石漠化程度较低的林地可以通过其他经营方式获取比生态补偿更高的经济收益。

（4）在改变回归方法以及进行分组回归后发现，本书的研究结果依旧稳健。

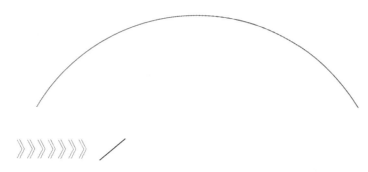

9 研究结论与政策建议

本章主要对本研究的主要内容进行回顾，对研究结果进行归纳总结，并基于相关结论提出有益的政策建议，指明本研究可能存在的局限，提出进一步研究的方向。

9.1 研究结论

（1）在新一轮集体林权制度改革与石漠化综合治理两大政策共同实施的背景下，石漠化地区农户对林地产权的总体认知水平及参与石漠化林业治理的积极性都有待提高。通过调研发现，在新一轮集体林权制度改革后，仍有55%以上的样本农户对林地未来是否会发生调整、征用或纠纷持不确定的态度，认为林地未来不可能发生调整、征用或纠纷的农户分别只占20.4%、36.2%和37.5%，说明农户对林地产权安全性的认知还有待提升；农户认为他们仅在"自主选择经营树种"和"经营非木质产品"这两项林地使用权利上有较高的确定性；农户对林地在村内流转权利的认知水平高于对林地在村外流转权利的认知水平；农户对林地抵押权的认知还比较缺乏，表现为仍有41.9%的样本农户认为不拥有或不确定是否拥有林地抵押权。农户主要通过人工造林、林木管护以及封山育林等三种方式参与石漠化林业治理。在本研究调研区域，农户更倾向于以投劳方式参与人工造林；仅有83.1%的造林农户对林木进行后期持续管护，且管护频率与管护强度仍处于较低水平，存在"只栽不管"或"重栽轻管"的现象；64.8%的样本农户能够遵守封山育林规定，但仍有35.2%的样本农户曾经有过违反封山育林规定的行为，其中主要以在封山育林区域砍柴、放牧、采摘为主。此外，仅有57%的样本农户认为自己是石漠化治理的重要主体。

（2）新一轮集体林权制度改革的实施强化了石漠化地区农户的林地产权安全感知。林地产权安全感知是影响农户参与林业经营及林业生态治理决策的关键因素，利用Ologit模型估计林权改革以及林改过程中的干群关系对石漠化地区农户林地产权安全感知的影响。结果显示，林改确权发证强化了农户的林地产权安全感知，但受林改政策实施的制度环境影响，其强化作用在石漠化地区的发挥仍比较有限。在确权方式方面，均山到户模式比均股均利到户模式更为显著地提高了农户的林地产权安全感知。以农户对村干部的信任为代表的干群关系显著地提高了农户林地产权安全感知，干群关系对林改政策的实施有较好的调节作用，但这种调节作用在当前农村治理扁平化、农户与村级组织之间关系有所疏离的背景下被弱化。

（3）在工作相对简单和时间相对较短的造林环节，林地产权对农户参与石漠化林业治理中的人工造林行为有一定的激励作用，但这个激励作用在农户造林决策的不同阶段存在明显差异。把农户参与造林的决策分为是否参与造林以及造林的投入水平两个阶段，通过Double Hurdle模型进行实证检验后发现：林地产权安全性并非影响农户是否参与造林决策的主要因素，但对于选择参与造林的农户而言，林地产权安全性却显著地提高了其造林的资金投入和劳动力投入水平；林地使用权完整性显著地提高了农户参与造林的可能性，但对农户造林投入水平的影响并不显著。由此可见，虽然完整的林地使用权赋予农户更大的产权行为能力，提高了参与农户造林的可能，但石漠化林地的特殊性导致造林树种选择受限以及林地价值变现难等问题，有可能弱化了林地产权对农户造林投入水平的激励作用；林地流转权完整性并不显著影响农户是否造林的决策，但对于选择参与造林的农户，林地流转权完整性会显著地提高他们的造林投入水平；林地抵押权完整性提高了农户造林劳动力投入的可能性，但对农户造林资金投入水平及劳动力投入水平的影响为负向不显著。一方面，可能是因为林权抵押贷款收益存在替代效应；另一方面，可能是小农户进行林权抵押贷款的门槛较高，抑制了林地抵押权对农户造林投入水平的激励作用。

（4）在工作重复性更高、需要更多时间持续投入的林木管护环节，林地产权对农户参与石漠化林业治理中的林木管护行为有明显的激励作用，而且林地产权对农户林木管护强度的激励作用高于其对管护频率的激励作用。把农户参与林木管护的行为分为管护频率与管护强度两个方面，分别用负二项模型和 Tobit 模型进行实证检验后发现：林地产权安全性显著激励了农户对林木的管护频率与管护强度，其对农户管护频率和管护强度的平均边际效应分别达到了 0.539 和 4.69，这种激励效应在加入林地产权结构完整性变量后得到了增强，说明赋予农户更完整的林地权利可以进一步提高林地产权安全性，进而提高农户对林木的管护频率和管护强度；完整的林地使用权正向显著地影响农户对林木的管护频率和管护强度，其平均边际效应分别达到了 0.267 和 2.919，在石漠化林地林木生产周期长、经济效益见效慢的情况下，拓展农户对林地的产权行为能力尤为重要。与林地使用权不同的是，林地流转权完整性与林地抵押权完整性均只对农户的管护强度有显著促进作用，原因可能是，相对于增加管护次数而言，提高当前对林木的管护强度，即提高有效的管护工时投入对提高林木未来的价值和收益更有益，更能实现农户未来通过林地流转获益或通过林权抵押获得贷款的可能性。

（5）与农户参与人工造林和林木管护不同的是，林地产权对农户参与封山育林的影响主要来自于林改确权下的林地产权安全性的变化。运用 Logit 模型进行实证检验发现：林地产权安全性显著提高了农户遵守封山育林规定、减少违法行为的可能性。而且由于不同的林地确权方式给农户带来的林地产权安全保障效应不同，林地产权对农户参与封山育林决策的影响也有差异。当林地以均山到户为主进行确权时，农户参与封山育林的可能性比以均股均利到户为主进行确权时降低 11.7%。

（6）石漠化治理政策措施对农户参与石漠化林业治理有重要影响。首先，石漠化治理培训变量正向显著影响农户参与人工造林资金投入和劳动力投入的可能性，接受过石漠化治理培训的农户参与人工造林的可能性更高；石漠化治理培训变量同样正向显著影响农户参与人工造林的资金投入和劳动力投入水平，接受过石漠化治理培训的农户，其人工造林的资金投入水平和劳动力投入水平分别比没有接受过培训的农户增加46.7%和41.1%。农户对石漠化治理重要性的认知变量显著地促进了农户参与人工造林劳动力投入的可能性，但对其参与人工造林的劳动力投入水平、参与人工造林资本投入的可能性以及人工造林资本投入的数量均没有显著影响，说明农户虽然意识到石漠化治理的重要性，但其"理性经济人"的特性导致其并不一定会出于保护生态的目的而积极参与石漠化林业治理。其次，签订管护合同正向显著影响农户参与林木管护的频率，签订管护合同的农户对林木的管护频率比没有签订管护合同的农户高出36.7%。获得管护指导对农户参与林木管护的频率和管护强度有显著的正向促进作用，对农户参与林木管护频率以及管护强度的平均边际效应分别达到了2.075和13.81，获得管护指导的农户对林木的管护频率与管护强度明显高于没有获得管护指导的农户。最后，是否熟知封山育林规定变量正向显著影响农户参与封山育林的决策，该变量对农户参与封山育林决策的平均边际效应为0.237，即熟知封山育林规定的农户参与封山育林的可能性明显高于不熟悉封山育林规定的农户。生态补偿变量正向显著影响农户参与封山育林的意愿，其平均边际效应为0.162，提高生态补偿金将有利于促进农户参与封山育林的积极性。沼气池或节能灶的建设对农户参与封山育林决策的影响为正但不显著。

9.2 政策建议

从目标导向来看，农户参与石漠化林业治理行为研究的落脚点是构建、完善农户持续有效参与石漠化林业治理的激励机制，最终实现石漠化地区林地的可持续利用。石漠化林业治理的总体目标是改变石漠化地区生态恶化的态势，同时通过调整土地利用结构和发展特色产业增加农户的收入，促使石漠化地区走上经济发展和生态保护协调发展的可持续道路。而实现农户增收、发展林业产业以及保护生态环境也是新一轮集体林权制度改革的主要目标。可见，石漠化林业治理与新一轮集体林权制度改革具有政策目标的高度一致性。制度目标的实现既依赖于制度安排本身，同时也取决于制度安排对行为主体的激励和约束（罗必良、高岚等，2013）。林地资源所具备的生态功能具有明显的外部性，但对于农户而言，其进行营林决策时优先考虑的是利润最大化目标的实现，而不会主动去考虑其行为决策的生态效果，甚至有可能为获取个人利益而消坏环境，这会导致政府的制度目标与农户个人目标的相悖。因此，若要实现农户有效参与石漠化林业治理以及林地可持续利用的目标，就要消除制度目标与农户个人目标之间的制约因素。本研究的调研数据与模型分析结果反映出新一轮林权制度改革下的林地产权安全性与林地产权完整性对农户参与石漠化林业治理中的行为具有显著的促进作用，但现阶段林地产权制度和政策仍不完善，加上政策执行过程中的偏差与漏损等原因，石漠化地区农户享有的林地使用权、林地流转权以及抵押权中的某些权利束仍然是不充分的、不完整的、不稳定的，林地产权对农户参与石漠化林业治理行为没有完全充分发挥预期的影响作用。基于上述现实问题与研究结论，得出以下政策启示。

9.2.1 进一步提高林地产权安全性，提高林地产权的保障效应

9.2.1.1 完善相关法律法规，从法律层面维护林地产权的安全稳定

法律层面的界定和保护是维持林地产权安全和稳定的根本。相对于行政命令而言，以法律来规范和保护农民的财产权利，可以为农户的合法权益提供更安全的制度保障。在相对安全稳定的制度环境时，农户才会有较强的林业经营和林地保护的意愿，才能在林地资源利用过程中改变粗放式的经营模式，并逐步向集约式经营、可持续经营转变。政府应在制度层面进一步完善与林权相关的法律法规框架，稳固和强化农户的

林地产权，发挥产权安全对农户进行林业经营活动以及参与林地资源保护的激励和保障效应。

我国目前和林业相关的法律法规主要以《中华人民共和国森林法》（简称《森林法》）为主，同时包含一些林业方面的政策性规范和林业生产的技术标准，这些法律法规大多以"条例""细则""意见"等形式出现。随着经济水平的快速发展与社会的不断进步，我国林业的主体功能已经从供应木材等物质产品为主向为全社会供应优质生态产品为主转变。林业功能定位的根本改变迫切要求对现行的森林法进行完善。2020年新修订的《森林法》充分体现了"生态为主、保护优先"的原则，为生态文明建设提供了法治保障。农户作为主要的林业经营主体，一方面具有通过经营森林资源获取经济收益的权利，另一方面也负有保护森林资源的义务，要把握好保护与发展的关系。为此，新修订的《森林法》中首次用专章内容规定了"森林权属"，旨在明确森林资源的所有权主体、使用权或承包经营权主体等权属问题，以及厘清权利主体的权利边界、权利实现方式和条件等，以加强产权保护。新一轮集体林权制度改革取得的改革成果在新《森林法》中以法律的形式确认下来，使得产权权利得到法律的保护。此外，作为对新修订的农村土地承包法的有机对接，新《森林法》重点对林地三权分置的法律制度进行了强化，在第十七条中明确"承包方可以依法采取出租（转包）、入股、转让等方式流转林地经营权、林木所有权和使用权（国家林草局，2020）"。同时，新《森林法》第十八条对集体经济组织统一经营林地的合法性进行了明确，在第十九条中对集体林地经营权的流转程序进行了规范。但不可否认的是，新《森林法》中仍有很多内容需要进一步充实、健全，尤其是针对如何通过出租、入股、转让等方式流转林地获得收益等具体操作性的法律法规目前仍比较缺乏。应着力于落实《森林法》的执行，并进一步制定和完善具有可操作性的林业法律法规以及林权制度改革规定，以从法律层面更好地维护林地产权安全。

9.2.1.2 落实林地产权，确保农户事实层面的林地产权安全

法律层面对林地产权的规定和保护是否能真正发挥作用，有赖于在具体实施过程中的落实情况。实践证明，仅从法律层面对林地产权的边界和结构进行界定是远远不够的，有关集体林权制度改革的政策章程、配套措施以及相应的制度实施环境等都有可能影响和决定林地产权的最后落实，甚至有可能因制度环境不完善或政策法律自上而下执行过程中的漏损和效率问题而导致农户实际拥有的产权与法律规定的产权不一致的情况，从而降低农户的林地产权安全。例如，新《森林法》第十五条明确"林地和林地上的森林、林木的所有权、使用权，由不动产登记机构统一登记造册，核发证书"。但实际上，新一轮集体林权制度改革以来，虽然通过实地勘界给大部分农户确权颁发了统一的林权证，但部分林权证存在证上面积与实际林地面积不符的问题，林权证错发、漏发或重复发放等问题也较为普遍。尤其在石漠化地区，地形原因引起的勘界困难或勘界误差以及历史纠纷阻碍确权发证的问题比较严重。在本研究的调研区域，也存在林权证已办好但没有发放到农户手中，甚至部分发放到农户手中的林权证又被收回去的情况，导致部分农户至今没有领到林权证。此外，一部分农户尽管手中持有林权证，但仍然经历林地被征用的情况，大大降低了农户对林权证法律保护作用的信任度。作为对过去林权登记发证工作的延续和完善，登记核发林权不动产证对稳定林地产权，维护农户林权合法权益，实现林业可持续发展等具有非常重要的意义。因此，应建立和完善林权不动产登记制度和工作思路，充分尊重农户意愿，积极推进历史遗留问题的规范解决，加快落实林权不动产证登记颁证工作，进一步保证农户的事实产权安全。

此外，虽然新《森林法》等法律法规和政策明确了林地经营主体的林地产权结构及完整性，但林地生态功能的公共产品特征导致林地资源的利用受到诸多限制，对于石漠化地区这样的生态脆弱区域而言，林地资源的利用受到更为严格的限制，从而导致农户实际拥有的林地权利是

有残缺的，这种残缺的林地产权也是抑制农户进行林地经营和保护积极性的重要因素。而由于不同区域的行政系统、执行效率以及面临的非正式制度环境存在异质性，林地产权的落实也出现区域性特征。因此，基层政府在制定区域林业管理机制时，应因地制宜地构建符合区域特性的林地产权政策及其配套措施，以确保农户林地权利的有效落实。

9.2.1.3 注重农户主观感知，提高农户林地产权安全认知

农户认知层面的产权状况才是形成其决策和行动的基础，本研究也证实了农户对林地产权安全性的认知是决定其参与石漠化林业治理行为决策的关键因素。农户通过对集体林权制度改革政策以及林权变量等信息的收集、甄别、筛选，结合个人认知水平以及环境因素等形成对林地产权的认知，若在此过程中农户能够对自己行使各项权利的空间有所把握，并确切地感受到行使各项权利给自己带来的林权预期收益，则可以降低其行为决策的顾虑。基层政府及村集体组织对政策法律文件的执行力度及方式方法等对农户产权认知的形成具有重要影响。但在现实中，基层政府和村集体组织对集体林权制度改革等政策认知不全面、对政策执行不彻底等情况有可能导致法律层面的正式制度无法在操作层面贯彻落实，林权改革政策变动过于频繁、政府宣传不到位等情况也有可能会导致农户对制度的不信任以及对自己拥有的权利认知不足，从而弱化林地产权对农户林地经营和保护的激励作用。因此，提高农户对林地产权的主观认知是后续深化集体林权制度改革的重要方面。具体而言，一是要发挥基层政府和村集体组织的桥梁作用，想方设法提高基层政府、村干部等对林改政策及《森林法》等政策法规的认知，加强政策实施过程的监督管理，避免因执政执法人员认知不足带来的政策执行偏差。二是要加强村干部队伍的建设和管理，尤其在当前实施生态文明建设、乡村振兴战略的大背景下，应着力于村干部村庄治理能力的提升，鼓励村干部工作下沉到户，问计于民、问需于民、立信于民，通过多种渠道建立

农户对村干部的高度信任，发挥干群关系的润滑剂作用，加强农户与村干部之间的交往互动，建立良好的制度信任机制，发挥干群关系对农户林地产权安全感知的提高作用。三是要加强政策宣传力度，要畅通信息传播渠道，建立集体林权制度改革政策、改革配套措施以及具体改革方案等政策信息传播平台，加深农户对自己所享有的林地权利以及需担负的义务的了解。在执行过程中充分尊重农户意愿，提高农户在具体改革方案制订与实施方面的参与度，进一步提高农户对政策的认同感。

9.2.2 进一步完善林地产权完整性，发挥林地产权的激励效应

如前所述，由于森林资源的生态功能非常显著，国家出于保护生态环境的目的对林地权利进行了诸多限制（吉登艳，2015），造成农户等经营主体拥有的林地产权结构并不完整，这种现象在石漠化等生态脆弱区表现更为明显。新一轮集体林权制度改革后，农户在林地使用权、收益权和处置权等方面的权利结构都得到了一定的完善，但由于各地区在政策执行过程中对政策的认知偏差以及落实情况不同，农户实际所持有的林地权利有所差异。从本研究的调研区域来看，农户认为其所持有的林地使用权、流转权、抵押权等具体权利仍然是非常有限的，林地产权的不完整在一定程度上限制了农户对林地的产权行为空间和能力，从而影响了农户参与石漠化林业治理的行为决策。因此，只有从政策层面完善农户的林地产权完整性，才能进一步发挥林地产权的激励效应。

9.2.2.1 进一步拓展林地产权权能，赋予农户更完善的林地使用权

从本研究的调研和研究结论来看，完整的林地使用权对农户参与石漠化林业治理有显著积极的促进作用，林地使用权的完整性决定了农户对林地产权行为能力的大小。在理想状态下，农户在不违背法律规定的前提下，可以自由决定林地的经营方向和经营模式，如可以自由选择种

植什么样的树种、种植时间、种植目标，自主决定是独自经营，还是选择合作、委托或租赁等其他经营模式，甚至可以自由决定林产品的销售问题。但实际上，由于石漠化地区林业生态功能的重要性，农户的林地使用权受到较多的限制。一方面，为了实现石漠化林地的有效治理和农户的增收，需要选择适宜石漠化土壤生产条件又能产生经济效益的树种来进行造林，单个农户在选择适宜树种方面存在客观困难，地方政府为了解决这一问题，往往通过科学规划引进适宜树种鼓励农户种植形成特色的生态经济型林（果、药）业。例如，百色石漠化地区种植任豆树、河池统一规划引进核桃种植发展核桃产业等，这在一定程度上解决了单个农户经营的盲目性。但基层政府为了完成特定生态经济型林（果、药）产业的发展目标，可能会在实际操作中对农户存在一定的强制要求，这就使得农户的自主经营权受到一定的限制。解决这一问题的关键在于要让农户看得到政府发展特定生态经济型林（果、药）产业带来的经济效益，变被动参与为主动参与。这就要求政府部门在规划石漠化林业产业发展时要多方考虑，充分尊重农户的意愿。此外，考虑到林业生产周期长、经济效益见效慢等特点，可以对参与特定树种种植项目的农户给予造林补助或部分生态补偿，以弥补因当前权利受限而减少的林权收益。在不破坏生态的前提下，鼓励农户采取集约化经营措施，发展立体种养殖，拓展林地资源利用空间，提高林地的经济效益。

石漠化地区有大量受到严格保护不能开发利用的生态公益林，进一步拓展生态公益林的经营权能，把生态林经营权分解为林地空间的开发利用权及景观权（罗必良、高岚等，2013），发挥森林资源的综合利用价值，对提高石漠化地区农户的林业收入、促进农户积极主动参与封山育林、实现生态公益林保护有重要意义。公益林的开发利用权和景观权在新《森林法》中也予以了明确。具体做法是在不破坏生态林生态功能的前提下，允许和激励农户依法合理利用林地资源的空间特征，开展林下种养殖；对具有旅游开发价值的森林景观经科学评估后，可以利用森林景观发展森林旅游业等，进一步提高农户或集体经营公益林的收益。以广西百色凌云县伶站瑶族乡陶化村和为例，该村在 2016 年实施石漠化综合治理后，在大力实施人工造林和封山育林等植被恢复措施的基础上，通过林地流转发展林下养鸡、牧草养牛等特色产业实现了石漠化有效治理和村民增收。与陶化村相邻的浩坤村则通过林地流转开发建成国家级 4A 级浩坤湖景区，村民不仅从林地流转中获取租金收入，还通过开展农家乐等获得经济收入，实现了石漠化治理和农民增收的双重目标。①实践证明，在石漠化地区发展林下种养殖和发展森林旅游及康养产业是能够实现石漠化有效治理和农民减贫增收的有效途径。因此，适当放松对生态公益林的生态管制，对于石漠化地区公益林的林下空间利用和景观价值开发权利的进一步拓展，盘活大量的公益林资源，实现变资源为资产，变青山为金山，是未来石漠化地区深化集体林权制度改革的一个重要方向。对于已开展林下经济的石漠化区域，应着重抓好质量发展和品牌建设，采取长中短有机结合、林农牧复合经营的模式，优化产品结构，创建一批"土、特、优"品牌，畅通林下产品的销售渠道；通过建设林下经济示范区、打造林下经济产业带等提高林下产业组织化程度，推广"公司+基地+农户"等市场化运作方式，推动林下经济高质量发展。

9.2.2.2 加快完善林地产权流转制度，提高农户参与林地流转的积极性

完整的林地流转权一方面赋予农户通过林地流转获得交易收益的权利，另一方面通过流转把林地流向更有能力从事林业经营和林地保护的主体，实现了林地资源的有效配置，有利于提高林地经营效率。尽管林地流转权对农户参与石漠化林业治理有积极的促进作用，但根据本研究的调研，目前石漠化地区农户对林地流转权完整性的认知水平还比较低，农户实际进行林地流转交易的比例较低，林权流转的交易效应发挥仍比

---

① 资料来源：中国共产党凌云县委宣传部。

较有限。究其原因，一方面，石漠化地区林地立地条件差，林地细碎化程度高，难以形成成片、集中规模经营，增加了经营成本；另一方面，由于石漠化地区大多为贫困落后地区，林地流转市场发展相对落后，再加上农户家庭收入较低,农户对林地的生产和社会保障功能需求较高(徐美银，2014；吴茂坤、朱建雄、等，2019)，缺少林地流转的意识和意愿。部分农户通过亲戚、熟人等关系以口头协议自发进行林地流转，缺少正规的中介机构和规范的林地流转程序，造成权利责任不明确，流转后容易引发纠纷等问题，导致农户的林地权益无法保障，又进一步降低农户林地流转的意愿。因此，必须进一步完善林地产权流转制度，鼓励石漠化地区农户通过林权流转提高收入水平，提高石漠化地区集体林的经营和保护效益，实现石漠化地区林业的可持续发展。

首先，政府部门要完善林权流转有关的法律法规和政策文件，建立健全林地流转合同制度、登记制度等，出台林权流转管理办法，规范林权流转的交易规则和流程，制定统一的林权流转合同范本，明确林权流转的用途、主体、期限、方式以及双方的权利责任，从政策上引导农户规范、有序地参与林权流转交易等。要在农户层面加大对林权流转的法律法规和政策的宣传力度，提高农户对林权流转的正确认识。建立县、乡、村级林地产权流转管理体系，建立完善各级林地流转服务平台，积极培育流转中介组织，降低农户流转林地的交易成本。此外，还应健全石漠化地区农户的社会保障体系，为农户提供转移就业服务，提高非农就业机会，发展专业化林业经营主体，鼓励农户以入股、提供劳务等方式获得财产险收入，从而降低农户对林地的过度依赖，提高农户参与林权流转的参与。

9.2.2.3 完善林权抵押贷款机制，推广发展公益林收益权质押贷款

赋予林地产权抵押功能，开展林权抵押贷款是新一轮集体林权制度

改革后解决林业经营主体营林资金困难的重要举措。自 2004 年开展林权抵押贷款试点工作以来，中央政府积极推动并要求地方政府贯彻落实林权抵押贷款制度。然而，由于当前林地流转机制不完善、林地产权价值较低等，商业银行面临较大的信贷风险，林权抵押贷款业务大开展进度缓慢。商业银行为降低信贷风险，往往对林权抵押贷款的条件、期限、利率等方面设置了较多限制，如对农户的林地经营规模、林木树龄、贷款额度、第三方担保、贷款周期和资金用途等进行了严格限制（张红宵，2015；黄惠春，2016；刘璨，2019；何文剑，2020），导致大部分农户因贷款门槛过高而降低了其林权抵押贷款的可得性，弱化了农户林地抵押权的激励功能，农户营林资金问题仍没有得到很好的解决。因此，需要进一步完善林权抵押贷款机制，充分发挥林权抵押贷款的融资功能。具体而言，地方政府需修订林权抵押贷款相关的法律法规，对商业银行开展林权抵押贷款的权利和义务进行法律界定。进一步完善林权抵押贷款的配套措施，加大贷款支持力度，在资金补贴和政策上对开展林权抵押贷款的商业银行给予支持，并尝试通过设立林权抵押贷款风险补偿金等方式，构建科学有效的林权抵押贷款激励机制，鼓励商业银行在注重防范贷款风险的前提下进一步放开农户林权抵押贷款的条件约束，适当降低贷款利率，延长贷款期限，提高农户的林权抵押贷款可得性。此外，政府需在农户层面加大对林权抵押贷款政策的宣传，提高农户的融资意识。

在实行林业分类经营的情况下，石漠化地区大部分集体林被划为公益林。以作为重点生态功能区的广西河池市为例，其生态公益林占全市森林面积的 51%，由于国家严格限制生态公益林的经营、采伐以及流转、抵押，农户除了领取少量的生态补偿金外，无法从生态公益林中获得其他变现价值，严重影响了农户参与公益林封山育林管护的积极性。为此，探索和发展公益林收益权质押贷款，用活公益林产权，实现森林资源的综合利用价值，是石漠化地区进一步深化集体林权综合改革的方向。在这方面，广西河池市环江毛南族自治县进行了积极的探索。2018 年，环江毛南族自治县被国家林草局列为全国新一轮集体林业综合改革试验区，提出了生态林预期收益权质押贷款，即以未来公益林补偿作为质押获取银行资金用于发展生产经营。2019 年，环江县下南乡南昌屯试点发放首笔公益林预期收益权质押贷款共 30 万元，该屯利用这笔资金建起了全乡第一个具备一定规模的农家乐，探索发展生态产业脱贫致富的路子。①实施公益林预期收益质押贷款，旨在激活公益林补偿金，发挥杠杆作用，把未来若干年的预期补偿数倍转化为眼前资金，用于发展林下经济、森林旅游和森林康养等生态产业，一方面可以增加农户的林业收入，另一方面可以实现生态保护，最终实现活树变活钱、资源变资产、资产变资本、生态变效益。环江县公益林预期收益质押贷款的实践表明，赋予农户公益林更多的经营权利，发挥林业综合经营效益，探索合理有效的林业经营方式，可以发挥森林资源的综合利用效益，实现农户增收、生态保护的多功能目标。下一步，应加大探索创新力度，继续在石漠化地区推广公益林收益权质押贷款，总结一批可复制、推广的经验模式。

9.2.3 完善公益林生态补偿制度，确保农户参与公益林保护的收益权

对于生态林而言，其主要发挥的是森林的生态保护功能。石漠化地区的公益林通过封山育林等形式实施严格的保护制度，生态公益林的经营、林木采伐以及流转、抵押等都受到严格的限制，从而导致公益林的保护目标与农户的行为决策目标的冲突。为了激励农户对公益林的管护，我国制定了针对公益林的生态补偿制度。政府发放的生态补偿金越高，农户因封山育林而导致的眼前利益损失越低，越有利于激励农户参与封山育林对公益林进行保护的积极性。对于农户而言，其经营和保护生态

---

① 资料来源于河池市林业局。

公益林的主要收益来源于公益林的生态补偿金。公益林生态补偿金是否能起到有效激励农户参与公益林保护的行动，取决于农户获得的补偿收入是否大于或等于其用同样林地经营商品林可能获得的收益。本研究的实证分析证实生态林补贴对农户参与公益林封山育林行为有积极的促进作用，但现实问题是，我国目前生态公益林补偿标准普遍过低，甚至不能弥补农户对公益林进行管护的成本，激励作用的发挥仍非常有限。因此，在深化集体林权制度改革的过程中，应进一步完善公益林生态补偿制度，维护农户参与公益林保护的收益权。新《森林法》中也明确提出要"建立森林生态效益补偿制度"。具体而言，一方面，要建立完善公益林生态效益补偿金制度，拓宽生态补偿金的资金来源渠道，创新生态补偿方式，对于具有重点生态功能区位的石漠化地区，应适当提高生态公益林的生态补偿标准。另一方面，地方政府要严格落实生态林生态效益补偿政策，确保公益林生态补偿金落实到农户手中。农户承包的集体林地被划为公益林的，生态补偿金应直接发放到农户手中；集体统一经营管理的集体林地被划为公益林的，应在落实管护主体和管护责任的基础上，把生态补偿金发放到该集体经济组织的农户手中，从政策上保护农户的合法利益。

此外，考虑到林业生产周期长、投资回报慢的特点，农户在短期内难以回收进行林业经营和管护的成本，在石漠化地区，除对生态公益林进行生态补偿外，还建议国家和地方政府设立林业补贴基金对农户参与商品林人工造林和管护等进行一定的补贴。本研究在实证分析中虽然没有直接考虑人工造林补贴和管护补贴对农户参与石漠化林业治理人工造林和管护行动的影响，但实际上在农户对人工造林和管护的投入中已包含其所获得的造林补贴和管护补贴内容，造林补贴和管护补贴能够降低农户参与石漠化林业治理人工造林和管护的成本，有利于提高农户参与石漠化林业治理的积极性。因此，应进一步提高林业补贴标准、延长补贴期限，保障参与石漠化林业治理的农户基本生计不受影响。

9.2.4 进一步健全完善石漠化林业治理的相关政策措施

在完善集体林权制度安排的基础上，还应进一步健全完善石漠化林业治理的相关政策措施。

9.2.4.1 加大石漠化林业治理政策法律宣传，提高农户的主体意识

自实施石漠化治理以来，中央政府和地方各级政府通过政策文件强调了石漠化治理的重要性，也通过多渠道对石漠化的危害以及石漠化治理的政策进行宣传，这在一定程度上提高了石漠化地区农户对石漠化危害和石漠化治理重要性的认知水平。但由于当前石漠化依法防治体系仍有待完善，区域性的执法队伍建设、执法力度和执法手段等仍比较有限，对于乱砍滥伐、毁林开荒等破坏生态的行为监督成本高，而长期地处落后偏远的石漠化山区的农户在生活习惯和生产方式方面固化较为严重，加上受教育水平较低，农户的生态意识总体而言仍比较淡薄。从本研究的调研数据来看，一些农户尽管很清楚石漠化的危害，也认为石漠化林业治理非常重要，但对于参与石漠化林业治理的积极性仍然不是很高，仍认为石漠化治理是政府、村集体或其他科研机构的责任，而对自己作为石漠化治理重要主体的认识不足。因此，政府部门应在进一步健全石漠化依法防治体系建设，严格执行《森林法》《水土保持法》《环境保护法》等相关法律法规的同时，必须始终把宣传教育放在首位，进一步加大对石漠化治理政策和法律的宣传力度，强化农户治理林业石漠化的主体意识。继续通过传统媒体渠道宣传、手机微信公众号、APP等新型媒体工具以及现场培训宣讲等多渠道、多形式地对农户普及石漠化治理的防治意识，广泛、深入、持久地开展普及石漠化治理必要性和重要性的知识宣传，想方设法把石漠化林业治理的理念和技术灌输到农户的林业

生产实践中。充分利用石漠化林业治理示范点成功典型案例，组织石漠化地区的干部群众参观一些治理成功、效益突出的工程示范点，结合石漠化治理成功案例，以案说法，教育群众，增强群众对石漠化治理的信心。此外，可以通过制定护林村规民约的方式，提高农户护林意识，设立专职护林员岗位，利用护林员增强农户护林、爱林的意识。近年来，美丽中国、乡村振兴等国家战略的提出，激发了农户对美好生活和宜居环境的需求，可结合这些政策的宣传进一步提高农户对石漠化林业治理的认识和参与石漠化林业治理的积极性。

9.2.4.2 健全石漠化林业治理的科技支持体系，提升农户林业经营水平

石漠化治理是一项复杂的系统工程，涉及生态学、土壤学、经济学等多学科方法，需要科学技术的重要支持。本研究证实，获得技术支持和指导是影响农户参与石漠化林业治理的重要因素。地方政府应联合各科研院所、高校等研究机构，针对不同石漠化等级与自然条件，探究有针对性的林灌草修复技术。针对人工造林项目，在选择适宜造林树种发展生态型林果产业时，要充分考虑树种的生态效益和经济效益，指导农户科学种植提高林木成活率，后期林木管护阶段更要加强对农户的技术指导，以科学方法帮助农户尽快取得成效。此外，在人工造林方面，还需要考虑森林多样性发展的需求，以培养混交林为主，注重树种搭配的多样化，实现科学经营。目前封山育林工程措施仍比较简单，应进一步探讨封山育林的技术创新，促进"封、造、管"一体发展。要加大基层专业技术人才队伍的建设培养，建成县、乡、村多级人才队伍结构，创新对农户的技术培训方式，通过对农户参与石漠化林业治理的技术进行模块化分解，再由科技人员到现场指导培训，带动一批种植和管护能手，发挥示范带动作用，引导更

多农户掌握林业治理技术，提高农户的林业经营水平。

9.2.4.3 构建可持续的林业产业化发展机制，多渠道增加农户收入

石漠化林业治理是一个长期的过程，短期内治理效果不明显，治理成果和效益显现存在一定的滞后性，故而其生态环境的主观效用和价值被低估，农户在短期内难以享受到生态治理的好处，其参与石漠化林业治理的积极性降低。尤其是在治理进入后期管护阶段，在缺少国家政策和资金支持、农民增收问题又没有得到实际解决的情况下，他们极有可能又走上破坏生态环境的老路，严重影响石漠化林业治理效果的持续性。在这种情况下，在推进石漠化林业治理的同时，应加快林业的产业化发展，从多渠道增加农户的收入，防止农户对林地资源的再次破坏。石漠化地区地方政府部门应统筹利用集体林权制度改革与石漠化林业治理两大政策，加快林业的产业化发展。首先，因地制宜地发展生态型林果产业，创造性地利用林下空间打造物种结构合理、时空结构合理的林下复合经济产业，通过"林木+林旅+林下"的立体循环发展，实现以短养长、长短结合、优势互补的可持续林业产业发展模式，一方面增加农户的收入渠道，另一方面也可以实现"以耕促抚、以耕促管"的目标；重视石漠化地区林业景观资源和民族文化的开发，大力发展森林旅游和康养产业，减少农户对林地的依赖。其次，在加快林业产业化发展的同时，要着力于提升农林产品的加工水平，提高产品附加值，完善石漠化地区的市场物流体系，解决产品的销售问题，促进第一、第二、第三产业融合发展，延长产业链。最后，加快林地三权分置改革，通过林权流转等发展林业适度规模经营，充分利用林地产权的资源配置效应，推动多种形式的林业经营模式，通过引进和培育专业合作社、种植大户、家庭林场等新型经营主体，发展"公司+专业合作社（大户、家庭林场）+基地+农户"模式，鼓励农户通过林地经营权入股等方式获得财产性收入，提高

石漠化地区林业生产组织化程度，实现林业的专业化、产业化、规模化经营。

9.3 研究不足与研究展望

本研究尝试从林地产权视角探讨农户有效参与石漠化林业治理的激励和保障机制。鉴于石漠化林业治理的复杂性、集体林权制度改革在各区域实施的差异性和客观条件，以及个人认识水平和研究能力的限制，对林地产权影响农户参与石漠化林业治理行为的研究不可避免地存在一些局限和不足。一是受调研经费、能力的限制，本研究采用数据仅来自于对广西凤山县549个农户参与核桃种植、核桃管护与封山育林的情况调研。尽管凤山县在石漠化林业治理方面具有较好的代表性，但可能难以完全代表其他石漠化地区农户的林业治理行为。此外，本研究所采用的数据为一次性调查问卷或访谈而得的截面数据，无法完整反映新一轮集体林权制度改革后石漠化地区农户参与石漠化林业治理行为的动态变化。二是目前对林地产权的衡量和测度目前仍没有形成一致的指标体系，本研究以林地产权安全性及林地产权完整性来表征林地产权，但由于林地产权通常表现为一系列复杂的权利体系，目前对林地产权的衡量指标以及指标的量化由于不同的研究目标和视角而有所不同。本研究主要从农户主观认知的角度，采用农户对林地未来发生调整、征用以及纠纷的可能性预期衡量林地产权安全性，采用农户对林地使用权、流转权和抵押权拥有情况的认知来表征林地产权的完整性，可能与采用客观指标进行衡量的结果有所偏差。

在后续的研究中，可以从以下三个方面进行拓展和深化。

第一，有必要扩大研究的区域范围和样本数量，因地制宜地探讨农户参与石漠化林业治理的有效激励机制。在石漠化治理过程中，各地因地制宜地采取了不同类型的经果林种植项目以及其他林业治理项目，这些项目要求的技术以及带来的收益有所差异，也必然导致农户的参与行为有所差异。因此，后续研究应注重区别不同区域、不同林种类型的石漠化林业治理项目的农户参与行为，尤其应注重滇桂黔石漠化片区农户石漠化林业治理行为的对比研究。

第二，农户参与石漠化林业治理是一种长期性的投资行为，应建立对农户主体的长期跟踪调研，持续关注农户参与石漠化林业治理的情况，对集体林权制度改革与农户参与石漠化林业治理的关系进行动态研究。

第三，应对林地产权的指标体系和量化方法进行更全面客观的设计，注重林地产权各要素之间的交互机制及其对农户石漠化林业治理行为的影响。此外，也要考察林地产权要素与其他要素对农户石漠化林业治理行为的交互影响，并进一步对林地产权影响农户参与石漠化林业治理的收入效应进行研究。

参考文献

[1] Alchian A A , Demsetz H . Production, information costs, and economic organization[J]. IEEE Engineering Management Review, 1972, 62(2).

[2] Broegaard R J. Land tenure insecurity and inequality in Nicaragua. Development and Change,2005,36(5).

[3] Besley T. Property rights and investment incentives: theory and microevidence from Ghana[J]. Journal of Political Economy, 1993, 103(5).

[4] Barton B D, Elvira D, Hugo R V, etal. Tropical deforestation, community forests, and protected areas in the Maya Forest[J]. Ecology and Society, 2008, 13(2).

[5] Bohn H, Deacon R. Ownership risk, investment, and the use of natural resources[J]. American Economic Review. 2000, 90.

[6] Bruce J W, Wendland K, Naughtontreves L. Whom to pay? Key concepts and terms regarding tenure and property rights in payment-based forest ecosystem conservation[J]. Land Tenure Center, University of Wisconsin-Madison, 2010.

[7] Carter M R, Olinto P. Getting institutions "right" for whom? Credit constraints and the impact of property rights on the quantity and composition of investment[J]. American Journal of Agricultural Economics, 2000, 85(1).

[8] Chomitz K. At loggerheads? Agricultural expansion, poverty reduction, and environment in the tropical forests[J]. World Bank Publications, 2007.

[9] Cragg J G. Some statistical models for limited dependent variables with

application to the demand for durable goods[J]. Econometrica, 1971, 39(5).

[10] Cameron A C, Trivedi P. K. Microeconometrics using Stata, Stata Press, Revised Edition, 2010.

[11] Crouch D P. Karst as basis of Greek urbanization[C]. in: Sauro U, Bondesan A, Mineghelm,eds. Proceeding of the International Conference on Environmental Changes in Karst Areas. Italy: Universita di Padova, 1991.

[12] Demsetz H. Towards a theory of property rights[J]. American Economic Review, 1967, 57(2).

[13] De Oliveira J A P. Property rights, land conflicts and deforestation in the Eastern Amazon[J]. Forest Policy and Economics, 2008, 10(5).

[14] Denzau A T, North D C. Shared mental models: ideologies and institutions[J]. Kyklos, 1994(1).

[15] Dolisca F, Mcdaniel J M, Shannon D A, etal. A multilevel analysis of the determinants of forest conservation behavior among farmers in Haiti[J]. Society & Natural Resources, 2009, 22(5).

[16] Deininger K, Ali D A, Alemu T. Impacts of land certification on tenure security, investment, and land market participation: evidence from Ethiopia[J], Land Economics, 2011, 87(2).

[17] Garcia B. Implementation of a double-hurdle model[J]. The Stata journal, 2013, 13(4).

[18] Gunn J, Sarah C, Michelle G, etal. Human impact on the Cuilcagh karst, Ireland[C]. in: Sauro U, Bondesan A, Mineghelm, eds. Proceedings of the International Conference on Environmental Changes in Karst Area. Italy: Universita di Padova, 1991.

[19] Hoff K, Stiglitz J E. Striving for balance in economics: towards a theory

of the social determination of behavior[J]. Journal of Economic Behavior & Organization, 2016(126).

[20] Hong Y Z, Chang H H, Dai Y W. Is deregulation of forest land use rights transactions associated with economic well-being and labor allocation of farm households? Empirical evidence in China[J]. Land Use Policy, 2018(75).

[21] Hyde W F, R Yin. 40 Years of China's forest reforms: summary and outlook[J]. Forest Policy and Economics, 2018(98).

[22] Jacoby H G, LI G, ROZELLE S. Hazards of expropriation: tenurein security and investment in rural China[J]. American Economic Review, 2002, 92(5).

[23] Kahneman D. Maps of bounded rationality: psychology for behavioral economics[J]. The American economic review, 2003.

[24] Liu C, Liu H, Wang S. Has China's new round of collective forest reforms caused an increase in the use of productive forest inputs?[J]. Land Use Policy, 2017(64).

[25] Lin Y, Qu M, Liu C, etal. Land tenure, logging rights, and tree planting: empirical evidence from smallholders in China[J]. China Economic Review, 2018,(60).

[26] Ma X L, Heerink N, Van Ierland E, etal. Land tenure security and land investments in Northwest China. China Agricultural Economic Review, 2013 (5).

[27] Ma X L, Heerink N, Van Ierland E, etal. Land tenure insecurity and ruralurban migration in rural China. Papers in Regional Science, 2016(95).

[28] Mullan, Kontoleon, Swanson, etal. When should households be compensated for land-use restrictions? A decision-making framework

for Chinese forest policy[J]. Land Use Policy, 2011, 28(2).

[29] Newman C, Tarp F, Van D. Property rights and productivity: the case of joint land titling in Vietnam[J]. Land Economics, 2015, 91(1).

[30] Popkin S L. The rational peasant[J]. Theory & Society, 1980, 9(3).

[31] Pagdee A, Kim Y-s and Daugherty PJ. What makes community forest management successful: a meta-study from community forests throughout the world[J]. Society & Natural Resources: An International Journal. 2006, (19).

[32] Paneque-Gálvez, Jaime, Mas J F, Guèze, etal. Land tenure and forest cover change. The case of southwestern Beni, Bolivian Amazon, 1986–2009[J]. Applied Geography, 2013(43).

[33] Robinson B E, Holland M B, Naughton-Treves L. Does secure land tenure save forests? A meta-analysis of the relationship between land tenure and tropical deforestation[J]. Global Environmental Change, 2014(29).

[34] Reed W J, Cole M A, Lange A, etal. The effects of the risk of fire on the optimal rotation of a forest[J]. Journal of Environmental Economics & Management, 1984, 11(2).

[35] Sjaastad E, Bromley D. The prejudices of property rights: On individualism, specificity, and security in property regimes. Development Policy Review, 2000(18).

[36] Sunderlin W D, Hatcher J, Liddle M. From exclusion to ownership? challenges and opportunities in advancing forest tenure reform[J]. Rights & Resources Initiative, 2008.

[37] Scoones I, Borras S M J. Livelihoods perspectives and rural development[J]. Journal of Peasant Studies, 2009, 36(1).

[38] Toulmin C. Securing land and property rights in sub-Saharan Africa:

The role of local institutions[J]. Land Use Policy, 2009, 26(1).

[39] Van Gelder J L. Feeling and thinking: Quantifying the relationship between perceived tenure security and housing improvement in an informal neighbourhood in Buenos Aires[J]. Habitat International, 2007, 31(2).

[40] Van Gelder J L. What tenure security? The case for a tripartite view[J]. Land Use Policy, 2010, 27(2).

[41] Xie Y, Wen Y, Zhang Y, etal. Impact of property rights reform on household forest management investment: an empirical study of southern China[J]. Forest Policy and Economics, 2013(34).

[42] Xu J, Xu Z. Are the poor benefiting from China's land conservation program?[J]. Environment & Development Economics, 2007, 12(4).

[43] Yi Y, Köhlin G, Xu J. Property rights, tenure security and forest investment incentives: evidence from China's Collective Forest Tenure Reform[J]. Environment and Development Economics, 2014, 19(1).

[44] Zhang D. Faustmann in an uncertain policy environment[J]. Forest Policy and Economics, 2001(2).

[45] Zhang D, Owiredu E A. Land tenure, market, and the establishment of forest plantations in Ghana[J]. Forest Policy & Economics, 2007, 9(6).

[46] Zhang D, Pearse P H. The influence of the form of tenure on reforestation in British Columbia[J]. Forest Ecology & Management, 1997, 98(3).

[47] 阿马蒂亚·森. 以自由看待发展 [M]. 北京: 中国人民大学出版社, 2013.

[48] 阿布都热合曼·阿布迪克然木, 石晓平, 等. "三权分置"视域下产权完整性与安全性对农地流转的影响——基于农户产权认知视角[J]. 资源科学, 2020, 42（9）.

[49] 巴泽尔. 产权的经济分析[M]. 上海：上海人民出版社，1997.

[50] 白建华，但新球，吴协保，等. 继续推进石漠化综合治理工程的必要性和可行性分析[J]. 中南林业调查规划，2015，34（2）.

[51] 白晓永，王世杰，陈起伟. 贵州土地石漠化类型时空演变过程及其评价[J]. 地理学报，2009，64（5）.

[52] 曹兰芳，王立群，曾玉林. 林改配套政策对农户林业生产行为影响的定量分析——以湖南省为例[J]. 资源科学，2015，37（2）.

[53] 曹兰芳，尹少华，曾玉林. 集体林区资源异质性农户林业生产行为动态特征及差异研究——以湖南省为例. 林业经济问题，2016，36（5）.

[54] 曹兰芳，曾玉林. 林地确权、政府管制与资源异质性农户林业管护行为—— 基于湖南省 7 年连续观测数据[J]. 生态学报，2020,40(18).

[55] 陈新海，周从余，陈星高. 欠发达地区如何封山育林[J]. 浙江林业，2002（5）.

[56] 陈江龙，曲福田，陈会广，等. 土地登记与土地可持续利用——以农地为例[J]. 中国人口·资源与环境，2003，13（5）.

[57] 陈世发，刘文. 基于 PRA 的粤北岩溶山区农户行为尺度的水土流失治理模式[J]. 贵州农业科学，2014，41（1）.

[58] 陈强. 高级计量经济学及 Stata 应用[M]. 北京：高等教育出版社，2014.

[59] 陈永富，陈幸良，陈巧，等. 新集体林权制度改革下森林资源变化趋势分析[J]. 林业经济，2011（1）.

[60] 陈志刚，曲福田. 农地产权结构与农业绩效：一个理论框架[J]. 学术月刊，2006（9）.

[61] 陈洪松，岳跃民，王克林. 西南喀斯特地区石漠化综合治理：成效、问题与对策[J]. 中国岩溶，2018，37（1）.

[62] 程行云. 南方集体林区集体林权制度研究[M]. 北京：中国林业出版社，2004.

[63] 戴广翠，徐晋涛，王月华，等. 中国集体林产权现状及安全性研究[J]. 林业经济，2002（11）.

[64] 但新球，喻甦，吴协保，等. 我国石漠化区域划分及造林树种选择探讨[J]. 中南林业调查规划，2003，22（4）.

[65] 但新球，白建华，吴协保，等. 石漠化综合治理二期工程总体思路研究[J]. 中南林业调查规划，2015，34（3）.

[66] 董加云，刘伟平，邱秀腾，等. 农户卷入林权纠纷的制度解析[J]. 林业经济问题，2017，37（6）.

[67] 窦新丽. 石漠化农村社区参与式水资源管理中农户参与意愿研究——以贵州省毕节撒拉溪朝营示范区为例[D]. 贵阳：贵州师范学院，2014.

[68] 杜文鹏，闫慧敏，甄霖，等. 西南岩溶地区石漠化综合治理研究[J]. 生态学报，2019，39（16）.

[69] 付同刚，陈洪松，张伟，等. 石漠化治理过程中农民参与意识与响应——以广西壮族自治区河池地区为例[J].生态学报，2016，36（24）.

[70] 菲吕博顿，配杰威齐. 产权与经济理论. 财产权利与制度变迁. 上海：上海三联书店，1994.

[71] 范刘珊，王文烂，宁满秀. 林权抵押贷款缓解农户信贷配给的内在机理、现实困境与路径选择[J]. 福建论坛（人文社会科学版），2021（7）.

[72] 格蕾琴·C. 戴利，凯瑟琳·埃利森，戴利，等. 新生态经济：使环境保护有利可图的探索[M]. 上海：上海科技教育出版社，2005.

[73] 耿国彪. 我国石漠化土地扩展趋势实现逆转——国家林业和草原局公布第三次石漠化监测结果[J]. 绿色中国，2018，513（23）.

[74] 国家林业局. 中国石漠化状况公报[N]. 中国绿色时报，2012-06-18（003）.

[75] 国家林草局. 中国·岩溶地区石漠化状况公报[EB/OL]. （2018-12-14）[2020-11-28]. http://www.forestry.gov.cn/main/138/20181214/161609114737455.html.

[76] 国家林草局. 政策解读：明确森林权属 加强产权保护（新修订森林法系列解读②） [EB/OL].（2020-01-09）[2021-02-25]. http://www.forestry.gov.cn/main/3957/20200109/095319432580828.html.

[77] 国务院.中共中央 国务院关于加快林业发展的决定[EB/OL].（2005-07-04）[2020-12-28]. http://www.gov.cn/test/2005/07/04/content_11993.htm.

[78] 国务院.国务院办公厅关于完善集体林权制度的意见 [EB/OL].（2016-11-25）[2020-12-28].http://www.gov.cn/zhengce/content/2016-11/25/content_5137532.htm.

[79] 何文剑，张红霄，汪海燕. 林权改革、林权结构与农户采伐行为——基于南方集体林区7个重点林业县（市）林改政策及415户农户调查数据[J]. 中国农村经济，2014（7）.

[80] 何文剑，张红霄. 林权改革、产权结构与农户造林行为——基于江西、福建等5省7县林改政策及415户农户调研数据[J]. 农林经济管理学报，2014，13（2）.

[81] 何文剑，王于洋，江民星. 集体林产权改革与森林资源变化研究综述[J]. 资源科学，2019，41（11）.

[82] 何文剑，赵秋雅，徐静文. 信贷管制何以影响农户信贷可得性？——以林权抵押贷款制度为经验证据[J]. 林业经济，2020，42（4）.

[83] 何文剑，赵秋雅，张红霄. 林权改革的增收效应：机制讨论与经验证据[J]. 中国农村经济，2021（3）.

[84] 贺东航，田云辉. 集体林权制度改革后林农增收成效及其机理分析——基于17省300户农户的访谈调研[J]. 东南学术，2010（5）.

[85] 贺东航，朱冬亮. 集体林权制度改革研究30年回顾[J]. 林业经济，2010（5）.

[86] 侯一蕾. 林权改革对森林生态系统的波及：闽省例证[J]. 改革，2015（11）.

[87] 侯远瑞，黄宝珍，黄宏珊，等. 桂西南岩溶区封山育林综合技术研究[J]. 广西林业科学，2013，42（1）.

[88] 侯远瑞. 桂西南石漠化治理造林树种选择研究[D]. 长沙：中南林业科技大学，2014.

[89] 韩利丹. 农户林地流入行为研究[D]. 杨凌：农林科技大学，2018.

[90] 胡业翠，刘彦随，吴佩林，等. 广西喀斯特山区土地石漠化：态势、成因与治理[J]. 农业工程学报，2008（6）.

[91] 胡新艳，陈小知，王梦婷，等. 农地确权如何影响投资激励[J]. 财贸研究，2017，28（174）.

[92] 胡雯，张锦华，陈昭玖. 农地产权、要素配置与农户投资激励："短期化"抑或"长期化"？[J]. 财经研究，2020，46（2）.

[93] 黄宗智. 华北的小农经济与社会变迁[M]. 北京：中华书局，2000.

[94] 黄宗智. 长江三角洲小农家庭与乡村发展[M]. 北京：中华书局，2000.

[95] 黄欣，黎洁. 社会资本视域下的林权制度改革与参与式森林资源保护[J]. 东南学术，2013（5）.

[96] 黄学勇，段文雯，刘峰，等. 广西凤山县石漠化地区林地产权制度改革方式初探[J]. 广西林业科学，2011，40（1）.

[97] 高名姿，张雷，陈东平. 差序治理、熟人社会与农地确权矛盾化解：基于江苏省 695 份调查问卷和典型案例的分析[J]. 中国农村观察，2015（6）.

[98] 黄少安. 产权经济学导论[M]. 北京：经济科学出版社，2004.

[99] 黄惠春，徐霁月. 中国农地经营权抵押贷款实践模式与发展路径——基于抵押品功能的视角[J]. 农业经济问题，2016，37（12）.

[100] 黄培锋，黄和亮. 土地产权安全理论与实证研究文献综述[J]. 世界林业研究，2017，30（3）.

[101] 黄培锋，卢素兰，黄和亮. 产权安全性对农户林地生产经营投入的影响研究——以福建省为例[J]. 林业经济，2017，39（11）.

[102] 黄培锋，黄和亮. 集体林产权安全性：一个三维分析视角的阐释[J].

东南学术，2018（2）.

[103] 黄和亮.深化集体林权制度改革新分析框架：集体林产权安全[J].
林业经济问题，2021，41（2）.

[104] 吉登艳.新一轮集体林权制度改革对农户林地利用行为及收入的
影响研究[D].南京：南京农业大学，2015.

[105] 吉登艳，马贤磊，石晓平.林地产权对农户林地投资行为的影响研
究：基于产权完整性与安全性——以江西省遂川县与丰城市为例[J].
农业经济问题，2015（3）.

[106] 蒋忠诚，李先琨，胡宝清等.广西岩溶山区石漠化及其综合治理研
究[M].北京：科学出版社，2011.

[107] 姜美善，米运生.农地确权对小农户信贷可得性的影响——基于双
稳健估计方法的平均处理效应分析[J].中国农业大学学报，2020，
25（4）.

[108] 柯水发.农户参与退耕还林行为理论与实证研究[D].北京：北京林
业大学，2007.

[109] 孔凡斌.集体林权制度改革绩效评价理论与实证研究——基于江
西省2484户林农收入增长的视角[J].林业科学，2008，44（10）.

[110] 孔凡斌，杜丽.新时期集体林权制度改革政策进程与综合绩效评价
——基于福建、江西、浙江和辽宁四省的改革实践[J].农业技术经
济，2009，000（006）.

[111] 蓝安军，熊康宁，安裕伦.喀斯特石漠化的驱动因子分析以贵州省
为例[J].水土保持通报，2001，21（6）.

[112] 李小建，乔家君，樊新生，等.农户地理论[M].北京：科学出版社，
2009.

[113] 李娅，姜春前，严成，等.江西省集体林区林权制度改革效果及农
户意愿分析——以江西省永丰村、上芫村、龙归村为例[J].中国农
村经济，2007（12）.

[114] 李阳兵，王世杰，容丽. 西南岩溶山区生态危机与反贫困的可持续发展文化反思[J]. 地理科学，2004，24（2）.

[115] 李阳兵，王世杰. 关于西南岩溶区石漠化土地恢复重建目标的讨论[J]. 热带地理，2005，25（2）.

[116] 李阳兵，白晓永，周国富. 中国典型石漠化地区土地利用与石漠化的关系[J]. 地理学报，2006，61（6）.

[117] 李晓青，徐修桥，谢炳庚，等. 喀斯特地区农村居民点对石漠化演变的影响[J]. 经济地理，2020，40（10）.

[118] 李松. 基于能值分析的典型石漠化地区可持续发展评价[J]. 干旱区资源与环境，2014，28（9）.

[119] 黎洁，杨林岩，刘俊. 西部农村社区参与式森林资源管理的影响因素研究[J]. 中国行政管理，2009，（11）.

[120] 林毅夫. 小农与理性经济[J]. 农村经济与社会，1998（3）.

[121] 林文声，王志刚. 中国农地确权何以提高农户生产投资？[J]. 中国软科学，2018（5）.

[122] 林辉煌. 林权改革与乡村振兴——对 40 年来集体林权制度改革的反思[J]. 北京工业大学学报（社会科学版），2018，18（6）.

[123] 林一民，林巧文，关旭. 我国农地经营权抵押的现实困境与制度创新[J]. 改革，2020（1）.

[124] 廖俊，韦锋，等. 林地确权方式、补贴政策感知与林农山林经营积极性——来自四川省的调查数据[J]. 林业经济问题，2017（12）.

[125] 刘振露. 贵州省石漠化地区林业生态治理与林业产业协调发展模式研究[J]. 林业调查规划，2019，44（4）.

[126] 刘璨，吕金芝. 我国集体林产权制度问题研究[J]. 制度经济学研究，2007（1）.

[127] 刘璨，黄和亮，刘浩，等. 中国集体林产权制度改革回顾与展望[J]. 林业经济问题，2019，39（2）.

[128] 刘璨. 集体林权流转制度改革：历程回顾、核心议题与路径选择[J]. 改革，2020（4）.

[129] 刘璨，李云，张敏新，等. 新时代中国集体林改及其相关环境因素动态分析[J]. 林业经济，2020，42（1）.

[130] 刘浩，刘璨. 我国集体林产权制度改革及配套改革相关政策问题研究[J]. 林业经济，2016，38（9）.

[131] 刘珉. 集体林权制度改革：农户种植意愿研究——基于 Elinor Ostrom 的 IAD 延伸模型[J]. 管理世界，2011（5）.

[132] 刘清泉. 基于产权视角的广东林地可持续利用创新研究[D]. 广州：华南农业大学，2017.

[133] 刘守英，路乾. 产权安排与保护：现代秩序的基础[J]. 学术月刊，2017，49（5）.

[134] 刘小强. 我国集体林产权制度改革效果的实证研究[D]. 北京：北京林业大学，2010.

[135] 刘伟平，傅一敏，冯亮明，等. 新中国 70 年集体林权制度的变迁历程与内在逻辑[J]. 林业经济问题，2019，39（6）.

[136] 罗必良，高岚. 集体林权制度改革——广东的实践与模式创新[M]. 北京：中国农业出版社，2013.

[137] 罗必良，胡新艳，等. 农地产权：调整、稳定与盘活[M]. 北京：中国农业出版社，2019.

[138] 罗娅，熊康宁，陈起伟，等. 喀斯特生态治理区可持续发展能力评价——以贵州毕节鸭池、遵义龙坪、沿河淇滩示范区为例[J]. 长江流域资源与环境，2010，19（7）.

[139] 罗雅雪，周秋文，肖永琴. 基于地层地形条件的贵州省人口空间分布及变化[J]. 贵州科学，2018，36（4）.

[140] 吕月良，施季森，张志才. 福建集体林权制度改革的实践与思考[J]. 南京林业大学学报（人文社会科学版），2005（3）.

[141] 马贤磊. 农地产权安全性对农业绩效影响：投资激励效应和资源配置效应——来自丘陵地区三个村庄的初步证据[J]. 南京农业大学学报（社会科学版），2010，10（4）.

[142] 马贤磊，仇童伟，钱忠好. 土地产权经历、产权情景对农民产权安全感知的影响——基于土地法律执行视角[J]. 公共管理学报，2015，012（4）.

[143] 苗建青. 西南岩溶石漠化地区土地禀赋对农户采用生态农业技术行为的影响研究——基于农户土地利用结构的视角[D]. 西南大学，2011.

[144] 苗建青，谢世友，袁道先，等. 基于农户—生态经济模型的耕地石漠化人文成因研究——以重庆市南川区为例[J]. 地理研究，2012，31（6）.

[145] 诺思. 经济史中的结构与变迁[M]. 上海：上海三联书店，1991.

[146] 潘存德. 可持续发展的概念界定[J]. 北京林业大学学报，1994（S1）.

[147] 庞娟，冉瑞平. 石漠化综合治理促进了当地经济发展吗？——基于广西县域面板数据的 DID 实证研究[J]. 资源科学，2019，41（1）.

[148] 庞娟，冉瑞平. 基于农户经济行为的石漠化治理研究综述[J]. 中国农业资源与区划，2019，040（5）.

[149] 恰亚诺夫. 农民经济组织[M]. 萧正洪，译. 北京：中央编译出版社，1996.

[150] 裘菊，孙妍，李凌，等. 林权改革对林地经营模式影响分析——福建林权改革调查报告[J]. 林业经济，2007（1）.

[151] 仇童伟. 土地确权如何影响农民的产权安全感知？——基于土地产权历史情景的分析[J]. 南京农业大学学报（社会科学版），2017，17（4）.

[152] 曲福田，陈海秋. 土地产权安排与土地可持续利用[J]. 中国软科学，2000（9）.

[153] 秦建文，覃焕，覃伟华. 广西石漠化地区贫困户与核桃产业新型生产经营主体合作模式创新研究[J]. 中国林业经济，2021（2）.

[154] 饶芳萍. 制度环境、土地产权安全与农户收入[D]. 南京：南京农业大学，2015.

[155] 冉瑞平. 西南地区林业生态环境保护与建设中的林农行为分析——来自四川邛崃市的调查[J]. 农业经济问题，2006（9）.

[156] 任洋. 林地产权、村庄民主对农户林业投入及收入的影响研究[D]. 杨凌：西北农林科技大学，2018.

[157] 舒尔茨，梁小民，译. 改造传统农业[M]. 商务印书馆，2003.

[158] 斯科特. 农民的道义经济学：东南亚的反叛与生存[M]. 程立显，等，译. 南京：译林出版社，2001.

[159] 盛婉玉. 基于物权理论的森林资源产权制度研究[D]. 哈尔滨：东北林业大学，2007.

[160] 史清华. 农户经济可持续发展研究：浙江十村千户变迁（1986—2002）[M]. 北京：中国农业出版社，2005.

[161] 孙妍. 集体林权制度改革研究[D]. 北京：北京林业大学，2008.

[162] 孙妍，徐晋涛. 集体林权制度改革绩效实证分析[J]. 林业经济，2011（7）.

[163] 田秀玲. 贵州喀斯特山地森林变化与植被恢复和石漠化治理的相关研究[D]. 上海：华东师范大学，2011.

[164] 万合锋，武玉祥，龙云川，等. 西南喀斯特地区石漠化研究评述[J]. 林业调查规划，2015，40（5）.

[165] 王建锋，等. 西南喀斯特地区石漠化问题研究综述[J]. 环境科学与管理，2008，33（11）.

[166] 王世杰. 喀斯特石漠化概念演绎及其科学内涵的探讨[J]. 中国岩溶，2002，21（2）.

[167] 王晓燕. 喀斯特山区石漠化综合治理[J]. 中国农业资源与区划，

2010，31（4）.

[168] 王小军，谢屹，王立群. 集体林权制度改革中的农户森林经营行为与影响因素——以福建省邵武市和尤溪县为例[J]. 林业科学，2013，49（6）.

[169] 王玉蓉，罗必良. 山地产权制度与农户行为[J]. 山区开发，1994（3）.

[170] 王见，何娴昕，夏凡. 产权实现程度影响农户林业收入的机制研究——采用云南省集体林改监测数据的实证检验[J]. 西部论坛，2021，31（3）.

[171] 王雨格，孟全省，陈秉谱. 产权强度对公益林区林地流转的影响——基于禀赋效应与安全感知视角[J]. 资源科学，2021，43（1）.

[172] 卫望玺，谢屹，余尚鸿. 林地产权纠纷解决的制度现状与对策研究：基于江西省某县个案的分析[J]. 北京林业大学学报（社会科学版），2016，15（2）.

[173] 温雪，陈耿宣. 交易费用与政策约束下林地产权改革的产权激励作用分析[J]. 农业技术经济，2015（10）.

[174] 温佐吾，吴冬生，马宏勋，等. 都匀市封山育林生态及经济效益初步分析[J]. 贵州林业科技，2002（3）.

[175] 温馨. 石漠化贫困地区生态补偿对农户生计的影响研究[D]. 广东海洋大学，2020.

[176] 温亚平，董加云，刘伟平，刘金龙. 产权强度与农户林权纠纷卷入——来自福建的实证[J]. 农业技术经济，2020（12）.

[177] 文林琴，栗忠飞. 2004—2016年贵州省石漠化状况及动态演变特征[J]. 生态学报，2020，40（17）.

[178] 吴德进. 试析林业产权的特点与乡村集体林业产权制度的缺陷[J]. 林业经济，1997（2）.

[179] 吴绍田. 中国农户投资行为分析[M]. 北京：中国农业出版社，1998.

[180] 吴仲斌. 农村公共政策形成机制[M]. 北京：中国农业出版社，2005.

[181] 吴易风. 产权理论：马克思和科斯的比较[J]. 中国社会科学，2007（2）.

[182] 吴传钧. 人地关系地域系统的理论研究及调控[J]. 云南师范大学学报（哲学社会科学版），2008（2）.

[183] 吴协保. 继续推进岩溶地区石漠化综合治理二期工程的现实意义[J]. 中国岩溶，2016，35（5）.

[184] 吴茂坤，朱建雄，蔺全录. 三区三州深度贫困地区农户土地流转策略[J]. 开发研究，2019（1）.

[185] 肖华，熊康宁，张浩，等. 喀斯特石漠化治理模式研究进展[J]. 中国人口·资源与环境，2014，24（3）.

[186] 熊康宁，梅再美，彭贤伟，等. 喀斯特石漠化生态综合治理与示范典型研究——以贵州花江喀斯特峡谷为例[J]. 贵州林业科技，2006，34（1）.

[187] 熊康宁，盈斌，罗娅，等. 喀斯特石漠化的演变趋势与综合治理——以贵州省为例[C]// 长江流域生态建设与区域科学发展研讨会优秀论文集. 2009.

[188] 熊平生，袁道先，谢世友. 我国南方岩溶山区石漠化基本问题研究进展[J]. 2010，29（4）.

[189] 徐美银. 土地功能偏好、保障模式与农村土地流转[J]. 华南农业大学学报（社会科学版），2014，13（1）.

[190] 徐晋涛，孙妍，姜雪梅，等. 我国集体林区林权制度改革模式和绩效分析[J]. 林业经济，2008（9）.

[191] 徐秀英，吴伟光. 2004. 南方集体林地产权制度的历史变迁[J]. 世界林业研究，17（3）.

[192] 许尔琪，张红旗. 中国生态脆弱区土地可持续利用评价研究[J]. 中国农业资源与区划，2012，33（3）.

[193] 许时蕾，张寒，刘璨，等. 集体林权制度改革提高了农户营林积极

性吗——基于非农就业调节效应和内生性双重视角[J]. 农业技术
经济，2020（8）.

[194] 徐慧. 盐碱地产权安排的农户行为响应研究[D]. 南京：南京大学出
版社，2012.

[195] 许秀川，李容，李国珍. 小规模经营与农户农机服务需求——一个
两阶段决策模型的考察[J]. 农业技术经济，2017（9）.

[196] 徐静文，何文剑，张红霄. 林权抵押贷款可得性何以促进农户增收？
[J]. 林业经济，2021，43（5）.

[197] 杨梅，林思祖，曹子林，等. 中国热带、亚热带地区封山育林研究
进展[J]. 北华大学学报（自然），2003，4（4）.

[198] 杨铭. 林地产权稳定性对农户林业生产投入的影响研究[D]. 杭州：
浙江农林大学，2017.

[199] 杨扬. 集体林产权对农户林地经营行为影响研究[D]. 杨凌：西北农
林科技大学，2018.

[200] 杨扬，李桦，薛彩霞. 林地产权安全对农户林业管护行为的影响研
究——来自南方集体林区浙江、江西省林农的调查[J]. 农业技术经
济，2018（7）.

[201] 于一尊，王克林，陈洪松，等. 基于参与性调查的农户对环境移民
政策及重建预案的认知与相应——西南喀斯特移民迁出区研究[J].
生态学报，2009，299（3）.

[202] 余霜，李光. 基于 Logistic-ISM 模型的喀斯特地区农户石漠化治理
行为影响因素及调控研究[J]. 中国岩溶，2014，33（3）.

[203] 余霜，李光，冉瑞平. 喀斯特地区石漠化治理中农户的投入行为探
析以贵州省为例[J]. 湖北农业科学，2015，54（3）.

[204] 余霜，李光，冉瑞平. 喀斯特地区农户参与石漠化治理的意愿分析
——以贵州省为例[J]. 广东农业科学，2015（4）.

[205] 袁道先. 我国西南岩溶石山的环境地质问题[J]. 世界科技研究与

发展，1997（5）.

[206] 袁道先. 全球岩溶生态系统对比：科学目标和执行计划[J]. 地球科学进展，2001，16（4）.

[207] 臧亚君. 重庆市岩溶地区石漠化综合治理规划研究[J]. 安徽农业科学，2018 46（6）.

[208] 张春霞，蔡剑辉. 集体林业产权制度改革的趋势[J]. 林业经济，1996（4）.

[209] 张春霞，郑晶. 林权改革 30 年回顾——集体林权改革研究之二[J]. 绿色中国，2009（1）.

[210] 张红，周黎安，徐晋涛. 林权改革、基层民主与投资激励[J]. 经济学（季刊），2016，15（3）.

[211] 张红霄，张敏新，刘金龙. 集体林权制度改革：林业股份合作制向均山制的制度变迁——周源村案例分析[J]. 中国农村经济，2007（12）.

[212] 张红霄. 以农村家庭承包经营为基础的集体林权制度改革经验与启示[J]. 东南学术，2010（5）.

[213] 张红霄. 集体林产权制度改革后农户林权状况研究——基于国家政策法律、林改政策及农户调研数据[J]. 林业经济，2015，37（1）.

[214] 张建龙. 中国集体林权制度改革[M]. 北京：中国林业出版社，2018.

[215] 张军以，张凤太. 喀斯特地区生态恢复对农户生计变迁影响的探讨[J]. 成都工业学院学报，2013，16（3）.

[216] 张军以，戴明宏，王腊春. 基于农户视角的岩溶石漠化小流域农业发展模式研究[J]. 水土保持通报，2015，35（1）.

[217] 张锦林. 林业生态工程是石漠化治理的根本措施[J]. 中国林业，2003（11）.

[218] 张雷，高名姿，陈东平. 产权视角下确权确股不确地政策实施原因、农户意愿与对策——以昆山市为例[J]. 农村经济，2015，396（10）.

[219] 张英，宋维明. 集体林权制度改革对农户采伐行为的影响[J]. 林业科学，2012，48（7）.

[220] 张英，宋维明. 林权制度改革对集体林区森林资源的影响研究[J]. 农业技术经济，2012（4）.

[221] 张英，陈绍志. 产权改革与资源管护——基于森林灾害的分析[J].中国农村经济，2015（10）.

[222] 张颖.林权制度改革对环境的影响及其经营优化研究[M]. 北京：中国林业出版社，2014.

[223] 张振环. 中国农地产权制度对农业生态环境的影响研究[M]. 北京：经济科学出版社，2016.

[224] 中国科学院学部. 关于推进西南岩溶地区石漠化综合治理的若干建议[J]. 地球科学进展，2003（4）.

[225] 朱冬亮，程玥. 林地产权纠纷现状及纠纷调处中的地方政府角色扮演：以闽西北将乐县为例[J]. 东南学术，2009（5）.

[226] 朱莉华，马奔，温亚利. 新一轮集体林权制度改革阶段成效、存在问题及完善对策[J]. 西北农林科技大学学报（社会科学版），2017，17（3）.

[227] 朱楠，张媛，王晓丽，石道金. 林农公益林补偿收益权质押贷款可得性研究[J]. 林业经济问题，2020，40（2）.

[228] 朱文清，张永亮，刘浩，魏建. 新一轮集体林产权制度改革新动态及其完善深化改革的政策建议[J]. 林业经济，2018，40（11）.

[229] 朱文清，刘浩，陈珂，等. 新一轮集体林产权制度改革相关问题研究[M]. 北京：中国财政经济出版社，2019.

[230] 朱文清，张莉琴. 集体林地确权到户对农户林业长期投入的影响——从造林意愿和行动角度研究[J]. 农业经济问题，2019（11）.

[231] 朱文清，张莉琴. 集体林地确权对农户林地管护投入的影响[J]. 改革，2022（3）.